山西省采煤对水资源的影响与税费征收政策研究

王　浩　贾仰文　侯保俊　蒋云钟　牛存稳　等　著

·北京·

内 容 提 要

本书在广泛收集相关资料及实地典型调查的基础上，研究分析了山西省采煤对水资源的影响与税费征收政策。全书共6章，主要内容包括绪论、山西省矿坑排水监测计量与收费现状调查、采煤对水资源的影响分析测算、采矿排水水资源税征收政策研究、山西省矿坑排水监测计量和管理信息系统构建等。

本书可供水文水资源及资源环境相关领域的科研人员、高校教师和研究生，以及从事流域水资源规划、管理和保护的技术人员参考。

图书在版编目（CIP）数据

山西省采煤对水资源的影响与税费征收政策研究 / 王浩等著. -- 北京 : 中国水利水电出版社, 2022.6
ISBN 978-7-5226-0776-4

Ⅰ. ①山… Ⅱ. ①王… Ⅲ. ①煤矿开采－影响－水资源管理－研究－山西 Ⅳ. ①TV213.4②TD82

中国版本图书馆CIP数据核字(2022)第107001号

书　名	**山西省采煤对水资源的影响与税费征收政策研究** SHANXI SHENG CAIMEI DUI SHUIZIYUAN DE YINGXIANG YU SHUIFEI ZHENGSHOU ZHENGCE YANJIU
作　者	王浩　贾仰文　侯保俊　蒋云钟　牛存稳　等 著
出版发行	中国水利水电出版社 （北京市海淀区玉渊潭南路1号D座　100038） 网址：www. waterpub. com. cn E-mail：sales@mwr. gov. cn 电话：(010) 68545888（营销中心）
经　售	北京科水图书销售有限公司 电话：(010) 68545874、63202643 全国各地新华书店和相关出版物销售网点
排　版	中国水利水电出版社微机排版中心
印　刷	北京九州迅驰传媒文化有限公司
规　格	170mm×240mm　16开本　10.5印张　206千字
版　次	2022年6月第1版　2022年6月第1次印刷
定　价	**65.00**元

《山西省采煤对水资源的影响与税费征收政策研究》主要编写人员

王　浩　贾仰文　侯保俊　蒋云钟　牛存稳
柳长顺　仇亚琴　曹国亮　唐克旺　郝春沣
韩素华　王喜峰　李海明　韩文才　张松涛
陈青坡　陆垂裕　潘世兵　游进军　康爱卿
和莉霞　杜　鑫　张　钰　毋晓琴　张建友
冯兵社　高　亢　薛　敏　李新东　唐　莉

前言

我国是煤炭大国，2020 年原煤产量达 39 亿 t，煤炭在我国能源结构中占有主导地位，为我国经济社会发展做出了巨大贡献。然而，我国煤炭资源与水资源呈逆向分布，煤炭基地主要位于北方缺水地区，煤炭开采对本就短缺的区域水资源产生了显著而深远的影响，诱发了泉水衰减、河道断流、水源枯竭、地面塌陷等问题。开展采煤对水资源的影响与税费征收政策研究，强化水资源的科学管理和有效保护，是深入贯彻落实党的十九大有关自然资源管控和习近平生态文明思想的具体工作，对水资源保护、生态修复和水安全保障具有深远意义，是十分必要和迫切的。

山西省煤炭产量长期位居全国前列，2020 年原煤产量达 10.6 亿 t，为全国经济建设提供了大量的优质煤炭。然而，煤矿采煤对水资源的影响和破坏威胁到全省经济社会健康发展和生态保护。为加强生态文明建设，保护好水资源和绿水青山，山西省在全国率先制定和实施了煤炭开采的经济补偿制度，率先制定和实施了水资源管理条例、泉域保护条例等相关法规，设立了专门的泉域管理机构，依法保护地下水。通过煤炭开采对水资源影响的补偿机制，全省每年从煤炭企业收取一定的补偿费用，用于保护水资源，修复煤炭开采破坏的生态环境，解决煤炭开采影响所造成的人畜饮水困难等水安全问题，取得了显著的社会、经济、生态和环境效益。

但是，随着煤水作用关系的变化、煤炭市场变化、最严格水资源管理制度以及流域生态保护和高质量发展战略的逐步实施，采煤排水税费征收补偿面临诸多挑战。一是煤水作用关系发生了变化。原政策制定时，全省煤矿年开采量仅 2 亿 t 左右，现在已达 10 亿 t，煤田水循环已经发生了显著的改变。现状采煤对水资源的影响和破坏应考虑新的水循环特征进行重新评估。二是原政策没有充分体现空间差异性。山西省地域广阔，南北不同地区煤炭埋藏条件不同，水文地质条件差异很大，煤炭开采对水资源的影响程度也不同，全省按照统一税率征收税费不尽合理。对煤炭开采的全生命周期影响、对地表水径流的影响、对地下水超采及泉域岩溶地下水的影响等也缺乏统筹考虑和甄别。三是原政策与国家最新政策要求不完全一致。按照国家相关法律法规，水资源税应根据取（排）水量进行征收，按照产品量进行征收属于临时性措施，不宜长期实施。这些问题制约了原政策的持续有效实施。尽管以往的吨煤收费政策也有一定的科学测算依据，但针对当前全面实施费改税以及生态文明建设的大背景和煤水关系变化的新形势，需要深化采煤对水资源的影响及其补偿政策研究，以提高政策实施的科学合理性。

在山西省水利厅“山西省采煤对水资源影响的收费补偿政策及关键技术研究”项目（SXSSLT－SZYC－YJ－2017－01）、流域水循环模拟与调控国家重点实验室“半干旱半湿润流域高质量发展的水循环关键问题与定量方法”研究课题（SKL2020ZY04）等资助下，在山西省水资源管理中心、山西省水利规费稽查管理中心等单位的大力支持下，中国水利水电科学研究院项目组开展了攻关研究、成果总结。项目组通过3次大规模实地调研和矿井水循环勘察，掌握了山西省六大煤田180座典型煤矿的采煤排水、处理、回用、排放等现状，收集了全省1053座煤矿的生产运行及水文地质资料；系统梳理了国内外相关煤炭排水水资源税收政策与矿坑排水计量经验；在广泛收集相关资料及实地典型调查基础上，定量测算了山西省采煤对水资源的影响以及降水产流影响、地表径流影响、静储量破坏等分量的构成；选择西山煤田进行了水资源破坏量测算，定量解析了采煤对上覆及下伏的含水层破坏情况；综合考虑固定资产、劳动力和水资源情况，建立了基于柯布-道格拉斯（Cobb－Douglas）生产函数的山西省水资源影子价格计量模型；建立了考虑矿井排水的水资源CGE模型，分析不同水资源税费政策对山西省宏观经济的影响，研究提出了基准税额与调整系数相结合的水资源税标准体系和征收草案；结合国家水资源监控能力建设，研究提出了山西省矿井水监测计量系统建设方案，设计开发了山西省矿井水监测计量和管理信息系统。

本书是对上述主要研究成果的总结。第1章由王浩、贾仰文、侯保俊、牛存稳、柳长顺等编写；第2章由仇亚琴、王浩、侯保俊、贾仰文、蒋云钟、唐克旺、柳长顺、郝春沣、韩素华、潘世兵、游进军、康爱卿、韩文才、张松涛、陈青坡、张钰、毋晓琴、张建友、冯兵社、高亢、薛敏、李新东、唐莉等编写；第3章由曹国亮、贾仰文、王浩、侯保俊、牛存稳、李海明、陆垂裕等编写；第4章由柳长顺、王喜峰、贾仰文、王浩、侯保俊、韩文才、张松涛、陈青坡等编写；第5章由蒋云钟、韩素华、牛存稳、王浩、贾仰文、侯保俊、韩文才、张松涛、陈青坡、和莉霞、杜鑫等编写；第6章由贾仰文、王浩、侯保俊、柳长顺、唐克旺等编写。全书由王浩、贾仰文统稿。

本书的研究得到了山西省水利厅、中国社会科学院数量经济与技术经济研究所、太原理工大学、天津科技大学和山西恒瑞金墒科技有限公司等单位的大力支持，调研过程中得到了山西省各市县水利部门以及相关煤矿企业的鼎力协助，相关成果咨询和征求了水利、生态环境、煤炭、发改、财政、税务等部门专家的意见，在此表示诚挚的谢意。研究工作还得到了武强、王金南、李振拴、薛凤海、高而坤、赵伟、郭永胜、王冠军、魏岩、辛立勤、梁永平、张永波、张建中、郭天恩、陈博、薛金平、牛振红、邓安利、张天锋、王岚等专家的指导，在此表示衷心的感谢。

由于时间和水平限制，书中难免存在不足之处，恳请读者批评指正。

作者

2022年6月

目 录

重 要 术 语

采煤对水资源的影响量

井工矿、露天矿等在采煤全生命周期（开拓与建设、生产、停采与闭矿）对地表水、土壤水、地下水等造成影响或破坏。采煤对水资源影响量包括静储量破坏量、动储量破坏量和采后长期影响量。需要说明的是，本书研究的主要目标是为山西省采煤排水水资源税征收政策提供支撑，书中分析的采煤对水资源影响所针对的对象是水资源税（费）中所指的水资源，在相应的物理量和价值量测算中未涵盖由于采煤影响引起的地质、水质、生态等损害。

静储量破坏量

在煤矿开拓阶段与采煤排水的初始阶段，采煤排水主要来自含水层的储存量（静储量）。静储量是一个与含水层本身特征和地下水原有储量有关的量，采煤后对其破坏是一次性的。

动储量破坏量

随矿井排水时间的增长，矿井降落漏斗影响范围逐渐扩大，它所截取含水层的地下水径流量逐渐增多，当降落漏斗影响范围不再扩大、新的动平衡形成后，采煤排水来自含水层的地下水径流量（动储量）。动储量破坏量是在含水层遭破坏后，随着时间的延长，排水逐渐趋于相对稳定时的排水量。

采后长期影响量

煤层采空之后，地下水从原有采空区出水点不断渗流并在适当位置蓄积，采空区积水一方面会严重威胁正常生产的相邻煤矿，另一方面可能由于径流和排泄不畅，随着水体和岩石及煤层的水岩化学反应，矿井化学环境发生改变，采空区积水易出现偏酸性、硫酸根离子含量偏高、矿化度偏大等现象，采空区地下水丧失资源功能。将采空区积水量作为采煤对水资源的长期影响量，即采后长期影响量。

矿井涌水量

通常指矿井开采期间通过地层流入矿井的水量，其来源包括矿井采掘中直接揭露或导通某个含水层后流入矿井的水，以及间接导通某水源（如河流或采空区积水）进入矿井的水，一般不包括通过人工疏降水工程的降压排水量。矿井开采进入中期阶段以后，地下水处于补排平衡状态，无导通其他水源情况下，矿井正常生产阶段的涌水量可以认为是动储量破坏量。

采煤排水系数

表示煤矿排水能力的指标，即平均开采单位煤产品的排水量，它和补给条件、地质构造、水文地质条件、开采深度、开采面积、开采阶段、开采量大小、大气降水等因素都有关，单位通常采用 m^3/t。

井工矿采煤对水资源的总影响系数

表示井工矿开采单位煤产品对水资源量影响破坏大小的指标，包括对静储量、动储量破坏和采空区积水长期影响等，单位通常采用 m^3/t。

露天矿破坏水资源系数

反映露天矿开采单位煤产品破坏水资源量的参数，单位为 m^3/t。

给水度

给水度是指地下水水位下降一个单位深度，而从地下水水位延伸到地表面的单位面积岩石柱体或饱和介质在重力作用下所释放出的水的体积，无量纲。

上三带

采煤前煤层上覆岩层处于应力平衡状态。采煤导致上覆岩层应力平衡状态被打破，自上而下依次发生变形、离散、破裂和垮落，在采空区上方自下至上形成冒落带、裂隙带和整体移动带，即“上三带”，其中冒落带和裂隙带统称为导水裂隙带。

疏降排水量

将矿井特定采掘区内相关含水层的地下水水位（水压力）人为疏降到某一安全值需要从含水层中抽出的水量。对于山西省各煤田，下组煤开采深度处于奥灰岩溶水位以下时，属于深部带压开采情况，疏水降压采煤主要是将奥灰水压力降低，使井田内带压地段突水系数降低到 0.06MPa/m 以下。

影子价格

影子价格是指依据一定原则确定的，能够反映投入物和产出物的真实经济价值，反映市场供求状况，反映资源稀缺程度，使资源得到合理配置的价格。

柯布-道格拉斯（Cobb－Dauglas）生产函数

柯布-道格拉斯生产函数是美国数学家柯布和经济学家道格拉斯共同探讨投入和产出的关系时创造的生产函数，是在生产函数的一般形式上做出的改进，引入了技术资源这一因素，是用来预测国家和地区的工业系统或大企业的生产、分析发展生产途径的一种经济数学模型。

可计算一般均衡（computable general equilibrium，CGE）模型

可计算一般均衡模型以一般均衡理论为基础，用一组方程来描述供给、需求以及市场关系。在这组方程中商品和生产要素的数量是变量，所有的价格（包括商品价格）、工资也都是变量，在一系列优化条件（生产者利润优化、消费者效益优化、进口收益利润和出口成本优化等）的约束下，求解这一方程

组，得出在各个市场都达到均衡的一组数量和价格。

SDA-IO 模型

基于投入产出模型（input-output，IO）的结构分解分析（structure decomposition analysis，SDA）模型，是一种比较静态分析方法。SDA-IO 模型有其独到的优势：首先，它基于投入产出分析的结构分解技术，非常适宜考察部门之间的联系；其次，它是一种比较静态分析方法，可以对两个不同年份的投入产出表进行对比分析，在一定程度上具有动态投入产出分析法的特点，能够对经济发展过程中的技术进步和结构变化进行检验，这是静态经典投入产出分析所不具备的；最后，在分析研究同样问题的时候，该模型比计量经济学模型更方便。

社会核算矩阵（social accounting matrix，SAM）

社会核算矩阵也称国民经济综合矩阵或国民经济循环矩阵，用矩阵的方法将国民经济各个账户系统地联结起来，表示国民经济核算体系的统计指标体系，反映国民经济运行的循环过程。它利用矩阵形式将国民经济各个账户按照流量和存量、国内与国外有序地排列起来。行分别表示收入、货物和服务的使用、负债和净值；列分别表示支出、货物和服务的来源和资产。

投入产出表

投入产出表又称部门联系平衡表，是反映一定时期各部门间相互联系和平衡比例关系的一种平衡表。投入产出表中第Ⅰ象限反映部门间的生产技术联系，是表的基本部分；第Ⅱ象限反映各部门产品的最终使用；第Ⅲ象限反映国民收入的初次分配；第Ⅳ象限反映国民收入的再分配，因其说明的再分配过程不完整，有时可以不列出。投入产出表根据不同的计量单位，分为实物表和价值表；按不同的范围，分为全国表、地区表、部门表和联合企业表；按模型特性，分为静态表、动态表。此外，还有研究诸如环境保护、人口、资源等特殊问题的投入产出表。

采煤排水水资源税

对在采煤过程中影响与破坏地下水层、发生地下涌水的活动而征收的水资源税。

基准税额

单位水资源影响与破坏量应纳水资源税的基数，根据全省采煤影响与破坏水资源程度、经济发展水平、企业承受能力等综合确定。

超采调整系数

反映地下水超采情况的调整系数，无量纲，一般超采区取 2，严重超采区取 3，非超采区取 1。

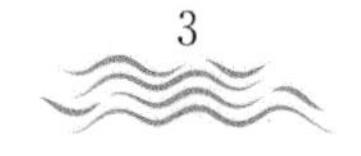

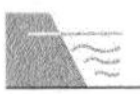

回用水量

煤矿开采排水中被该煤矿开采利用及厂区绿化杂用的水量，不包括被其他煤矿、煤化工以及他用户利用的水量。

外排水量

通过经有关部门批准设立的排水口排出厂区的水量。经其他途径排出厂区的水量属于非法排水量，按有关规定处罚。

第1章　绪　　论

1.1　研究背景

山西省是我国煤炭资源大省，为全国经济建设提供了大量的优质煤炭资源，为我国经济社会的快速发展做出了巨大贡献。但是，山西省水资源先天不足，人均水资源量不及全国平均值的1/5，属严重缺水的省份，煤炭采掘与生产对本就紧缺的水资源造成显著影响，这种影响不仅覆盖了煤炭开采、加工、利用及煤矿封闭的全过程，甚至矿井关闭后也会一直持续下去。加强煤炭开采的水资源保护是贯彻落实好五大发展理念，建设生态文明，实现山西省社会经济高质量发展的焦点。

为了加强煤炭行业的水资源管理和保护，山西省根据《中华人民共和国水法》（以下简称《水法》）等相关法律规定，从2009年开始在全国率先制定和实施了煤炭开采经济补偿制度，以减轻采煤对水资源造成的影响和破坏，解决煤炭开采影响所造成的贫困山区人畜饮水困难问题。煤炭开采的水资源费征收为山西省水资源保护、饮水安全保障以及大水网工程建设等发挥了重要作用。但在当前新形势下，有必要对该项政策进行完善和改进。《山西省水资源费征收标准》第二条第一部分第七款规定："采矿排水按照排水量计征。没有安装排水计量设施的，可暂按产量测算排水量，按每吨原煤或原矿3元计征水资源费。"虽然政策上已经规定了应该按照水量计征，但从近几年落实的情况看，基本上仍然是按照吨煤统一收取水资源费。然而，不同地区煤炭埋藏条件不同，水文地质条件也有差异；从时间上看，新煤矿、老煤矿、报废煤矿的不同生命周期内煤水作用关系也变化很大。因此，煤炭开采对水资源影响强度是存在时空差异的，吨煤收费政策没有体现这种差异性，没有与排水量、影响和破坏量直接挂钩，影响了该政策的持续实施。尽管吨煤收费也有科学的测算依据，但根据新形势下生态文明建设的新要求，进一步提高政策实施的精准性和合理性是十分必要的。

山西省煤矿整合后仍逾千座，其量大面广、条件复杂、影响长远。进一步完善采煤对水资源影响的收费补偿政策，需要加强研究，攻克计量监测、影响评估、损益核算、监督管理等方面的技术难题。开展山西省采煤对水资源影响的收费补偿政策及关键技术研究，对提高全省水资源保护和管理能力、促进社会经济发展和生态文明建设具有重大意义。

1.2 国内外研究进展与税费政策调研

1.2.1 采煤对水资源影响研究

牛仁亮（2003）认为动储量为一动态变量，其破坏是永久性的（或长期性的）。该文献提出山西省破坏的地下水动储量为6.2亿 m^3/a。按山西省2000年原煤产量2.5亿t计算，平均生产1t煤破坏的地下水动储量为 $2.48m^3$。“大矿时代采煤对水资源影响破坏研究”项目（山西省水资源征费稽查队、太原理工大学，2013）认为，以上概念的地下水动储量应包括两个部分：一是矿井进入正常开采阶段以后通过“上三带”自顶板进入矿井的涌水量；二是矿井或采区进入开采后期及停采后进入采空区的水量，这部分水量经化学反应后称为老窑水。这两部分都属于采煤影响区的地下水补给资源量。现状采用的采煤影响的地下水动储量计算没有考虑到第二部分的影响量，即采后长期影响量。

关于采后长期影响量的计算，“大矿时代采煤对水资源影响破坏研究”项目提出将矿井采空区体积作为其上限。该项目提出开采1t原煤产生的采空区体积为 $0.7m^3$，加上开采1t原煤平均产生10%～15%的煤矸石，采后长期影响量在山西的取值可采用 $0.77m^3/t$，即每生产1t原煤的采后长期影响的水资源量为 $0.77m^3$。

关于采煤影响地下水动储量的计算，“大矿时代采煤对水资源影响破坏研究”项目认为矿井开采进入中期阶段以后，一般不会大面积揭露新的含水层，随开采时间增长，地下水水位不断降低，降落漏斗逐步趋于稳定，部分承压含水层转为无压，矿井排水量主要靠入渗量补给，处于补排平衡状态，这一阶段的矿井涌水量可以近似作为破坏的地下水动储量。

矿井涌水量按其出水量的大小可分为矿井正常涌水量、矿井最大涌水量及矿井灾害涌水量。根据《煤矿防治水规定》（2009年11月颁布）中的用语新释义，矿井正常涌水量是指矿井开采期间，单位时间内流入矿井的水量；矿井最大涌水量是指矿井开采期间，正常情况下矿井涌水量的高峰值。新规定中对矿井涌水量的预测着重强调矿井开采期间所进入的矿井水量，而不再是通过平均、取极端不利条件或极端不利组合来预计矿井涌水量。因此，在预测矿井涌水量时，应尽可能全面地包含矿井各出水部位，累加起来才能较为可观地得出矿井涌水量。矿井排水中排污水和排净水一般走不同的管道，可能存在监测数据不全面的问题，矿井涌水量应该更接近矿井排水对水资源的破坏量。

国际上也有较多关于采煤对水资源影响的研究。Fernandez 和 Camacho

(2019）通过耦合水文模型（SWAT）和水质模型（WASP8）评价了采煤对哥伦比亚 Lenguazaque 流域地表水水量水质的影响。Sun 和 Song 等（2020）针对全球最强烈采煤影响区之一的澳大利亚 Hunter 流域，选取 4 组对比流域，采用数据驱动的方法（累积异常百分比与双累积曲线之差）研究了采煤对河道基流的影响。研究发现地下井工矿开采导致基流减少，而露天矿导致基流增加，而且采煤影响与气候变化影响叠加显著改变了河道基流。

国内外研究表明，采煤对水资源的影响既与煤矿类型有关，也与煤矿开采阶段有关，因此采煤对水资源影响需要分类型评价和动态更新评价。

1.2.2　国外水资源税费政策

1.2.2.1　基本情况

一般来说，国外，特别是发达国家，没有水资源费的概念。主要原因是在欧美发达国家的历史上，水资源一般是土地附属资源产品。随着私有产权造成的“公地悲剧”问题的出现，越来越多的国家将水资源作为公共所有的资源。

在国外涉及水的收费一般分为水费（water tariff）和水价（water pricing）两种，其中前者的范畴小于后者。水费的概念，更像我国的水价的概念，指直接从用户征收的费用，包括居民用户和农业用户的征收费用。水价的概念，包括对所有的水进行定价，包括瓶装水、水车、公共供水设施、灌溉以及直接取水的所有类型的收费，其中直接取用的水价格类似于我国的水资源费的概念。这两种类型收费的最本质区别为是否提供水服务。没有提供水服务的，例如直接取水的收费，本质上是水资源费。

目前，取水费仅限于少数发达国家，包括澳大利亚、比利时、加拿大、捷克、芬兰、法国、匈牙利、荷兰、波兰、西班牙等。在 30 个 OECD（Organization for Economic Co - operation and Development，经济合作与发展组织）国家中，包括诸如美国和日本的 12 个国家不征收水资源费。此外，非 OECD 的相对发达国家也没有征收水资源费。

对于征收水资源费的认识，从水资源的角度，最合理的方法是对所有水资源用户获取每立方米水资源，征收相同的水资源费，但并没有考虑不同用户类型的支付能力。为此，目前大多数国家一般都针对不同的用户类型征收不同标准的水资源费，但针对农业取水，征收费用很低、或者不征收。英国却是唯一一个针对所有用户征收相同水资源费的国家。

1.2.2.2　税费率设定

由于国外征收水资源费的不多，因此在对国外相关政策进行分析时，借鉴我国水资源费的定义和内涵，讨论国外类似政策的情况。根据国内水资源费的

定义和内涵，界定国外对直接取用地表水和地下水的收费或者收税行为作为此次研究范畴。需要说明的是，由于各个国家资源产权性质、国情存在很大区别，其收费的依据千差万别。因此在概念上，将“水费率”作为一个大的概念界定直接取水的收费或收税，将“水资源费”作为“对取水进行资源性收费”。

出于不同的目的，不同国家的费率标准不同。南非针对以上两种费用，分别制定了水资源管理费和水资源开发费的征收计划。在确定水资源费标准时，广泛纳入水资源开发费用是没有问题的，但事实上，这似乎仅是一个收回水资源有关的基础设施（如水库和跨流域转移工程）成本的合理且具有成本效益的方式。

加拿大各省征收的水费用于弥补行政管理费用，并且收费一般基于最大允许取水量，而不是实际取水量。法国于1964年在流域内引入一套复杂的系统，收费基于实际取水量和消耗水量，消耗水量的计算采用消耗系数，消耗系数根据取水类型（如公共供水、工业、发电或农业）确定。同时取水费率依据水量、地区和水源差异而变化：地下水的费率一般比地表水高2.0～3.5倍；水资源短缺地区的费率高。表1.1为不同国家水资源费率的制定情况。

表1.1　　不同国家的水资源费率　　单位：₵/m³

国家或地区	开始征收时间	地表水	地下水	用户类型			
				供水	工业	农业	其他
丹麦	1998年			70.0+25%增值税	免税	免税	
荷兰	2000年			17.0	13.0	免税	12.0
德国巴登-符腾堡州	21世纪初					灌溉	其他
				地下水5.0	地下水5.0	地下水5.0	地下水5.0
				地表水5.0	地表水5.0	地表水0.5	地表水5.0
捷克	1999年		5				
匈牙利	1999年	0.6～4	0.6～4	不同用户类型收费不同			
波兰	1999年	2.8	8.4				
斯洛伐克	1999年	52	2～52	2	52	—	—
英格兰和威尔士	2007年8月	2.1～5	2.1～5	不同地区的收费不同			
				所有用户类型基本收费相同，根据不同用户耗水类型进行调整			
澳大利亚首都直辖区	2003年	6	6				
	2004年	12	12				
	2005年	15	15				
	2006年			33	—	—	15

续表

国家或地区	开始征收时间	地表水	地下水	用户类型			
				供水	工业	农业	其他
巴西南帕拉伊巴盆地	2004年5月			4.6	4.6	0.11	0.09
加拿大魁北克省		1	1				
南非	2006年7月	相同		0.19	0.19	0.12	0.07

注　₵表示欧分，1€(欧元)=100₵(欧分)。

表1.1展示了不同国家水资源费率的大致范围。其中，丹麦的供水税最高，大概87₵/m^3（₵表示欧分），包括VAT（value added tax，增值税）；南非是属用水收费较低的国家，费率仅为0.04～0.06₵/m^3。在英国，不同区域不同费用反映的是该区域的消耗水平，而不是区域水资源可利用量和水资源需求量的不同；在南非不同水管理区的水资源费率差异却可以反映这两个因素。

基于表1.1中的数据，一些欧洲国家或地区，以及巴西的南帕拉伊巴盆地，认为2～5₵/m^3是一个典型的水资源费率，这是英格兰和威尔士目前的水管理费用。考虑到水资源的稀缺价值（假设2.3₵/m^3，2003年）和耗水的环境成本（下游成本，2.7₵/m^3，2003年），澳大利亚首都直辖区征收更高的水资源费。2003年，澳大利亚首都直辖区的水资源管理成本估计仅为4.4₵/m^3，与英格兰和威尔士相似。美国波特兰数据显示，2016—2017年，水费率大约在4.216$/ccf（1ccf=100$ft^3$），相当于10.1元/$m^3$。

需要说明的是，由于发达国家市场机制相对较完善，对于缺水的地区，如美国西南部几个州，是通过水权交易的方式进行的。水资源在实践中属于私有产权的范畴，因此，在这些州，类似公有产权的水资源费，主要通过在水权交易中的价格来体现。

1.2.2.3　国外煤炭政策的主要特征

（1）重视环保。美国及欧洲国家实施的恢复生态、改善环境的政策取得了良好的效果，主要有两条：一是坚持谁破坏、谁治理；二是控制手段掌握在国家手中。例如，英国开始征收气候变化税，建立碳排放交易体系，保证谁环保、谁受益。

（2）健全的法制体系。政策、法制与体制建设相配套，规范煤炭的生产和建设，促进煤炭产业健康发展，其效果明显。

（3）对资源进行有效控制和管理。手段基本一致：一是实行招标制，解决公平竞争的问题，对投标者只按标准审核，一视同仁；二是实行租赁制，资源有偿使用和资产化管理，依法开采和实施环境保护；三是加大税收调节，

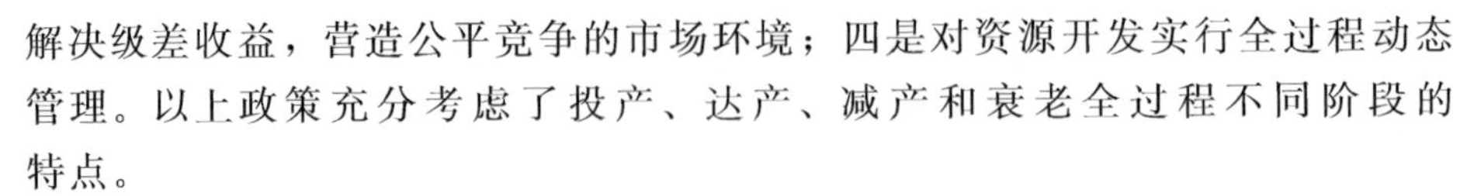

解决级差收益，营造公平竞争的市场环境；四是对资源开发实行全过程动态管理。以上政策充分考虑了投产、达产、减产和衰老全过程不同阶段的特点。

（4）对煤炭行业科技创新及转化给予大力支持。除对煤炭行业先进技术开发给予一如既往的支持外，对洁净技术及煤的转化技术发展前景也给予了极大的关注，并在经济方面给予了特殊的支持，把这些方向性的问题作为能源一次革命性的变革对待。另外，把解决好煤矿关闭作为保持社会稳定、振兴地方经济的战略性重大问题。

1.2.3 国内水资源税费政策调研

1.2.3.1 国内水资源收费政策调研

国家层面的水资源费相关法律法规主要有《水法》和《取水许可和水资源费征收管理条例》（以下简称《条例》）。

《水法》第四十八条规定："直接从江河、湖泊或者地下取用水资源的单位和个人，应当按照国家取水许可制度和水资源有偿使用制度的规定，向水行政主管部门或者流域管理机构申请领取取水许可证，并缴纳水资源费，取得取水权。"

《条例》第三条规定："县级以上人民政府水行政主管部门、财政部门和价格主管部门依照本条例规定和管理权限，负责水资源费的征收、管理和监督。"第二十八条规定："水资源费征收标准由省、自治区、直辖市人民政府价格主管部门会同同级财政部门、水行政主管部门制定，报本级人民政府批准，并报国务院价格主管部门、财政部门和水行政主管部门备案。"《条例》明确了水资源费征收的管理部门和征收方式，并允许各省级行政区依据当地具体情况制定水资源费征收标准。在此基础上，财政部于2008年印发了《水资源费征收使用管理办法》，进一步明确了水资源费征收管理相关办法。

1. 水资源费改税之前

在国家层面的水资源费相关政策方面，国家发展改革委、财政部、水利部发布的《关于水资源费征收标准有关问题的通知》（发改价格〔2013〕29号）中，要求针对"水资源费标准分类不规范、征收标准特别是地下水征收标准总体偏低、水资源状况和经济发展水平相近地区征收标准差异过大、超计划或者超定额取水累进收取水资源费制度未普遍落实"等问题，提出"合理确定水资源费征收标准调整目标"，并提出了"十二五"末各地区水资源费最低征收标准，见表1.2。针对采矿排水，其中规定，"采矿排水（疏干排水）应当依法征收水资源费。采矿排水（疏干排水）由本企业回收利用的，其水资源费征收标准可从低征收。对取用污水处理回用水免征水资源费。"

表 1.2　“十二五”末各地区水资源费最低征收标准　　单位：元/m^3

<table>
<tr><th>省（自治区、直辖市）</th><th>地表水水资源费平均征收标准</th><th>地下水水资源费平均征收标准</th></tr>
<tr><td>北京</td><td rowspan="2">1.6</td><td rowspan="2">4</td></tr>
<tr><td>天津</td></tr>
<tr><td>山西</td><td rowspan="2">0.5</td><td rowspan="2">2</td></tr>
<tr><td>内蒙古</td></tr>
<tr><td>河北</td><td rowspan="3">0.4</td><td rowspan="3">1.5</td></tr>
<tr><td>山东</td></tr>
<tr><td>河南</td></tr>
<tr><td>辽宁</td><td rowspan="5">0.3</td><td rowspan="5">0.7</td></tr>
<tr><td>吉林</td></tr>
<tr><td>黑龙江</td></tr>
<tr><td>宁夏</td></tr>
<tr><td>陕西</td></tr>
<tr><td>江苏</td><td rowspan="6">0.2</td><td rowspan="6">0.5</td></tr>
<tr><td>浙江</td></tr>
<tr><td>山东</td></tr>
<tr><td>云南</td></tr>
<tr><td>甘肃</td></tr>
<tr><td>新疆</td></tr>
<tr><td>上海</td><td rowspan="13">0.1</td><td rowspan="13">0.2</td></tr>
<tr><td>安徽</td></tr>
<tr><td>福建</td></tr>
<tr><td>江西</td></tr>
<tr><td>湖北</td></tr>
<tr><td>湖南</td></tr>
<tr><td>广西</td></tr>
<tr><td>海南</td></tr>
<tr><td>重庆</td></tr>
<tr><td>四川</td></tr>
<tr><td>贵州</td></tr>
<tr><td>西藏</td></tr>
<tr><td>青海</td></tr>
</table>

在地方层面，大多数省（自治区、直辖市）均出台并施行了水资源费相关

的征收和管理办法。各省（自治区、直辖市）采煤排水水资源费相关规定中均明确了按排水量计征的原则，但是对于无计量的情况，则按照最大排水能力计征，或者按照吨煤排水定额折算，水资源费征收标准为 0.2～4 元/m^3。在当前各地水资源费征收相关管理规定的制定中，考虑的原则包括：①充分反映不同地区水资源禀赋状况；②统筹地表水和地下水的合理开发利用，防止地下水过量开采；③支持低消耗用水，鼓励回收利用水，限制超量取用水；④考虑不同产业和行业取用水的差别特点；⑤充分考虑当地经济发展水平和社会承受能力。

2. 水资源费改税之后

依据《财政部 税务总局 水利部关于印发〈扩大水资源税改革试点实施办法〉的通知》（财税〔2017〕80 号），各试点省（自治区、直辖市）于 2017—2018 年推动了水资源费改税工作。

各省（自治区、直辖市）为了严格控制地下水过量开采，对取用地下水从高确定税额，同一类型取用水，地下水税额要高于地表水，水资源紧缺地区地下水税额要大幅高于地表水。超采地区的地下水税额要高于非超采地区，严重超采地区的地下水税额要大幅高于非超采地区。在超采地区和严重超采地区取用地下水的具体适用税额，由试点省份的省级人民政府按照非超采地区税额的 2～5 倍确定。在城镇公共供水管网覆盖地区取用地下水的，其税额要高于城镇公共供水管网未覆盖地区，原则上要高于当地同类用途的城镇公共供水价格。但由于地区的水资源状况、经济社会发展水平和水资源节约保护要求不同，因而各省（自治区、直辖市）水资源税的最低平均税额大不相同。其中北京市、天津市地下水最低平均税额较高。

总体来说，山西、陕西、内蒙古、河南等主要产煤省（自治区、直辖市）都将疏干排水归入“其他用水”类别。主要省（自治区、直辖市）疏干排水水资源税由税务机关征收管理，税额标准见表 1.3。

表 1.3　　疏干排水水资源税税额标准（水资源费改税后）

省（自治区、直辖市）	分区	征收标准/（元/m^3）		备　注
		回收利用	直接排放	
北京	全市	0.6	4.3	
天津	一类区域	0.6	5.8	
	二类区域	0.6	4.0	
河北	设区市	0.6（外排再利用则为 1.0）	2.0	
	县级及以下	0.3（外排再利用则为 0.7）	1.4	
山西	—	1.0	1.2	按照吨矿产品排水 2.48m^3 折算

续表

省（自治区、直辖市）	分区	征收标准/(元/m³)		备注
		回收利用	直接排放	
陕西	关中陕北	0.4	0.5	按吨煤取排水 2m³ 核定
	陕南	0.35	0.4	
内蒙古	—	2.0	5.0	—
河南	省辖市	0.4	—	
	县市	0.3	—	

1.2.3.2 税费收缴情况及存在的主要问题

1. 我国水资源费收缴情况

2016 年，全国共征收水资源费 234.10 亿元（其中山西省不含采矿排水水资源费）。按取水水源分类，全国征收地表水水资源费 164.31 亿元，地下水水资源费 69.79 亿元；按取水用途分类，全国征收公共供水水资源费 76.30 亿元，自备水水资源费 66.17 亿元，农业灌溉水资源费 1.75 亿元，火电取水水资源费 16.98 亿元，水力发电取水水资源费 59.54 亿元，其他水源水资源费 13.36 亿元。从各省级行政区看，广东省征收的水资源费最多，达到 23.49 亿元；西藏自治区征收的水资源费最少，为 0.23 亿元。全年征收水资源费大于 10 亿元的有北京、江苏和广东等 7 个省（直辖市）；在 5 亿～10 亿元之间的有天津、山西和内蒙古等 8 个省（自治区、直辖市）；在 1 亿～5 亿元之间的有黑龙江、辽宁和吉林等 14 个省（直辖市）；小于 1 亿元的有海南省和西藏自治区。2016 年各省级行政区水资源费征收情况见图 1.1。山西省 2009—2017 年采矿排水征收的水资源费从 4.42 亿元增加至 23.59 亿元[1]。

2. 我国水资源费收缴存在的主要问题

（1）水资源费征收仅针对采煤排水量，未全面考虑采煤对水资源的影响。《水法》第三十一条规定，“开采矿藏或者建设地下工程，因疏干排水导致地下水水位下降、水源枯竭或者地面塌陷，采矿单位或者建设单位应当采取补救措施；对他人生活和生产造成损失的，依法给予补偿。”因此，采煤对水资源影响的收费补偿，应既包括采煤排水的水资源费，也包括采煤造成水资源系统破坏、水资源流失、水环境污染等的补偿费用。但是目前针对水资源的收费基本都是针对采煤排水量，而没有充分考虑煤炭开采对地下水和地表水的直接和间接影响量。对山西省来说，2007 年起对煤炭征收煤炭可持续发展基金，旨在建立煤炭开采综合补偿和生态环境恢复补偿机制，弥补煤炭开采造成的环境欠

[1] 数据来源于山西省水利规费稽查管理中心。

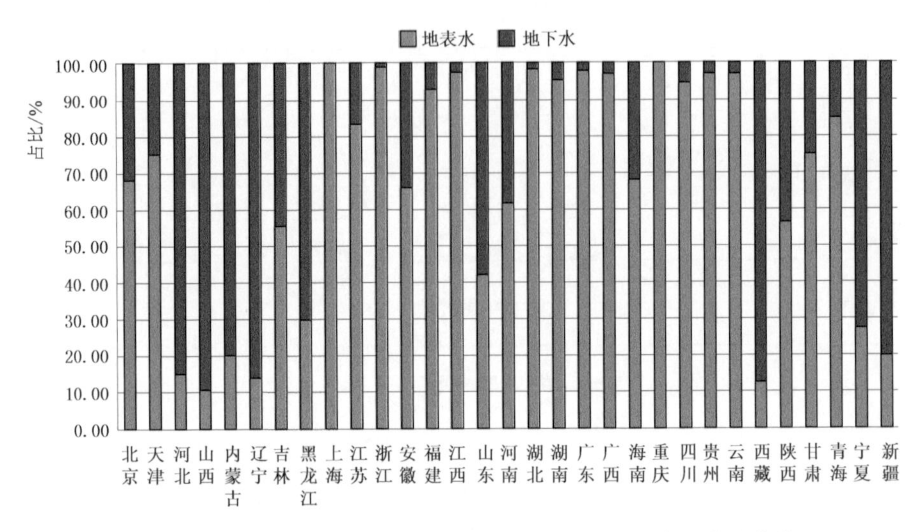

图1.1　2016年各省级行政区水资源费征收情况（按水源类型分类）

账；2011年进行了收费标准的调整，调整后动力煤最高每吨18元，无烟煤最高每吨23元，焦煤最高每吨23元；但是山西省煤炭可持续发展基金已于2014年12月停止征收。因此，在采煤排水水资源费征收中，应全面考虑采煤对水资源的直接和间接、短期和长期影响。

（2）采煤排水大多以一定比例折算的地下水水资源费为基准，未针对性制定征收标准。对于采煤排水的水资源费征收，在各省级行政区水资源费征收标准中，基本是以地下水水资源费为基准，然后采用20%～100%的比例进行折算。目前，水资源费征收相关规定较好地体现了地下水的保护。2013年国家发展改革委《关于水资源费征收标准有关问题的通知》（发改价格〔2013〕29号）中要求，“严格控制地下水过量开采。同一类型取用水，地下水水资源费征收标准要高于地表水，水资源紧缺地区地下水水资源费征收标准要大幅高于地表水；超采地区的地下水水资源费征收标准要高于非超采地区，严重超采地区的地下水水资源费征收标准要大幅高于非超采地区；城市公共供水管网覆盖范围内取用地下水的自备水源水资源费征收标准要高于公共供水管网未覆盖地区，原则上要高于当地同类用途的城市供水价格。”但是，与一般取用地下水相比，采煤排水具有相当的复杂性，不仅在不同水文地质条件的地区差异很大，而且在同一地区，在煤炭开采的不同阶段和不同年份，也不尽相同。因此，有必要制定具有针对性的科学合理的采煤排水水资源费征收标准，这样更加符合水资源费征收的基本原则。

（3）按相关规定采矿排水水资源费应按照水量计征，但是实际上难以准确计量。《条例》第三十二条规定，“水资源费缴纳数额根据取水口所在地水资源

费征收标准和实际取水量确定。”第五十三条规定，“未安装计量设施的，责令限期安装，并按照日最大取水能力计算的取水量和水资源费征收标准计征水资源费。”2008年财政部印发的《水资源费征收使用管理办法》中规定，“对开采矿产资源用水，不得按矿产品开采量计征水资源费”。

在采煤排水的水资源费征收实践中，采煤排水的准确计量有一定难度。一方面由于计量设施和基础条件薄弱，没有完善的计量要求和技术标准；另一方面是采煤排水的来源和去向较为复杂，在产煤矿的采煤排水部分用于井下生产，部分排出地面，已关闭的煤矿老窑水情况较难监测。目前多数煤矿的计量设施，主要是基于安全考虑，要求水泵排水能力大于矿井涌水量，尚未达到征收采煤排水水资源费的计量要求。在不具备计量条件的情况下，相比一般取水的“日最大取水能力”，采煤排水的“日最大排水能力”也难以准确获取。因此，针对采煤排水特点，制定具有可操作性的计量要求和技术标准，并结合相应的推广应用政策，是采煤排水水资源费征收的重要基础。

矿坑排水的水量包括两部分，一部分是生产期间的排水量，另一部分是建矿阶段的疏干排水与关停之后持续的排水量。现在一头一尾没有监测，没有补偿。

1.2.4 山西煤矿总体税费负担情况

煤矿采煤排水水资源税（费）的征收，既要考虑采煤对水资源影响的补偿，也要考虑当地实际税负情况，进行综合确定。

山西省煤矿相关的资源税费如下：

(1) 煤炭可持续发展基金。2006年《国务院关于同意在山西省开展煤炭工业可持续发展政策措施试点意见的批复》（国函〔2006〕52号）中明确，将山西能源基地建设基金调整为煤炭可持续发展基金，对各类煤矿按动用（消耗）资源储量、区分不同煤种征收，主要用于企业无法解决的区域生态环境治理、资源型城市和重点接替产业发展、因采煤引起的其他社会性问题。2007年财政部批复《山西省煤炭可持续发展基金征收管理实施办法（试行）》，同意山西省全省统一的适用煤种征收标准为：动力煤5～15元/t、无烟煤10～20元/t、焦煤15～20元/t。综合考虑各方面因素，2007年适用煤种征收标准为：动力煤14元/t、无烟煤18元/t、焦煤20元/t；以后年度，由省煤炭工业可持续发展试点工作领导小组组织省财政厅、省发展改革委、省经委、省煤炭工业局、省国土资源厅等部门，根据山西省矿区总体规划，综合考虑煤种、煤质、资源赋存条件、采煤方式及煤炭市场价格变动等因素，在上述征收标准幅度范围内，提出分区域的具体适用征收标准，报省人民政府批准后公布执行。实际征收要考虑调节系数，矿井核定产能规模90万t以上（含90万t）为1.0，45

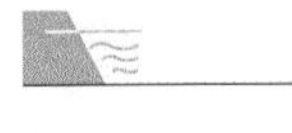

万～90万t（含45万t，不含90万t）为1.5，45万t以下（不含45万t）为2.0。矿井产能划分及调节系数，可根据国家产业政策适时调整。2008—2011年，山西省每年调整征收标准，2011年征收标准：动力煤最高为每吨18元，无烟煤最高为每吨23元，焦煤最高为每吨23元。2014年按吨煤3元下调煤炭可持续发展基金煤种征收标准。2014年12月1日停止征收煤炭可持续发展基金。

（2）煤矿资源税。2015年1月1日将取消的矿产资源补偿费、煤炭价格调节基金、煤炭可持续发展基金三项规费，连同原有从量计征税的资源税一并计算，从价计征，标准为8%。

（3）采矿权使用费。采矿权使用费按矿区范围面积逐年缴纳，每平方千米每年按1000元缴纳，不足$1km^2$的按$1km^2$计。

（4）排污费。污水中的化学需氧量、氨氮和五项主要重金属（铅、汞、铬、镉、类金属砷）污染物排污费征收标准为每污染当量1.40元。

（5）采矿排水水资源（税）费。在水资源费改税之前，按照吨煤3元征收。水资源费改税之后，规定“疏干排水单位和个人（包括井工矿和露天矿），未按规定安装取用水计量设施或者计量设施不能准确计量取用水量的，按照吨矿产品排水$2.48m^3$折算排水量，在开采环节由主管税务机关依此计征水资源税。”

露天开采还需要缴纳植被恢复费、土地占用税、水土保持补偿费、土地复垦保证金、环境治理保证金等。2015年以来，考虑煤矿企业不景气，政府返还了部分保证金。

1.2.5 国内外矿坑水治理经验调研

结合现场调研和文献查阅，收集国内外矿坑水治理的案例，调查国内重点煤炭基地典型地区（如贵州、陕西等）在矿坑水方面的规章制度和管理办法，分析不同区域、不同类型矿坑水治理方法的适用性和不足，明确矿坑水“监测—计量—处理—回用—保护—补偿”全链条治理方案的关键点和难点；调研国外在减小在产煤矿及关闭煤矿对水资源及环境影响方面的做法，特别是针对静置或扰动条件下的老窑水处理，总结其中可供本书研究借鉴的内容。

1. 处理方法

煤矿矿坑水的治理工艺应以悬浮物和化学需氧量指标为主，兼顾溶解性总固体、硫酸根离子、钠离子指标。矿坑水可分为四种类型：不经处理直接利用；经过常规的混凝、沉淀和过滤处理后，供工业使用或者饮用或者外排；首先进行特殊处理，再进行常规处理，进一步处理为工业或饮用水；高矿化度矿井水的综合利用。

矿坑水采用“预沉＋澄清＋过滤＋消毒”净化水处理工艺，出水水质达到《城市污水再生利用　城市杂用水水质》（GB/T 18920—2002）标准后复用本煤矿道路浇洒、降尘洒水、冲洗车辆、绿化用水、选煤厂用水等生产用水系统。

对矿坑水在井下进行净污分离，在地表进行过滤、净化、消毒等处理，使其达到饮用水水质标准后，可作为生活饮用水。具体技术方案为：①对矿坑水在井下实施净污分离，将岩层内部涌出的净水和生产区域污水分离后通过各自独立的排水系统排至地表；污水经沉淀作为公司生产及绿化用水；经过净污分离后排到地表的净水通过过滤等处理工艺，达到生活饮用水卫生标准后作为生活水使用。矿坑水的处理关键在于降低硫酸盐的含量；②软化降低钙、镁离子含量。如能在降低硫酸盐浓度的同时也降低水的硬度则更为理想。

人工湿地处理煤矿矿坑废水，具有投资小、出水水质好、抗冲击力强、增加绿地面积、改善和美化生态环境、视觉景观优异、操作简单、维护和运行费用低廉等优点。

2. 立法与矿坑水资源化利用思路

通过立法严格控制污染物排放并加强监管；对已关闭的煤矿进行全面清查及管理，采取有效措施，扼制环境污染；修建污水处理厂及配套管网，全面截污；从分散管理到综合管理；加大新技术的研究与利用。

矿坑水资源化利用思路：立足矿山实际，同时与当地工农业与城市供水相结合，根据矿坑排水的水质、水量、水温等特点，结合矿山所处位置及周边经济发展状况，因地制宜提出不同的梯形或循环开发利用方式，主要包括洗浴、冬季供暖、种植冬暖式大棚蔬菜、水产养殖、农田灌溉、城镇工业供水等。矿坑排水除可作为医疗矿水直接用于洗浴外，用作其他用途时必须经过一定方式的处理。

设立水资源保护区，将煤炭开采区划分为禁采区、限采区和一般控制区；提高矿坑水的综合利用率，做到煤水并重、一水多用。对矿坑排水要分区集中，清污分流，按质利用，如井下生产用水、供洗煤厂用水、农业灌溉用水等。

1.2.6　我国关于煤矿治理的主要政策和管理文件

为实施可持续发展和科教兴国战略，合理利用与保护土地资源，改善矿区生态环境，加大监督管理力度，规范政府、企业、个人从事煤矿开采活动中的行为，明确管理制度，提高煤矿开采技术水平，我国提出了以下几方面的主要政策和管理文件，见表1.4。

表1.4　　我国关于煤矿治理的主要政策和管理文件

文　件	发布单位	实施时间	涉及内容
《标本兼治遏制煤矿重特大事故工作实施方案》	国家安全生产监督管理总局、国家煤矿安监局	2016年5月25日	落实煤矿企业安全生产“黑名单”制度。方案提出，要严格安全准入，强化源头治理。要推动煤矿重大灾害治理和致灾因素普查，提升煤矿安全保障能力。要推进煤矿系统优化
新版《煤矿安全规程》（国家安全监管总局令第87号）	国家安全生产监督管理总局	2016年10月1日	
《中华人民共和国安全生产法》	全国人民代表大会常务委员会	2002年11月1日，2021年6月10日第三次修订	
《煤矿安全监察条例》（中华人民共和国国务院令第296号）	中华人民共和国国务院	2000年11月7日，2013年7月18日修订	
《露天煤矿边坡管理暂行规定》（煤生开字〔1985〕第33号）	煤炭工业部	1985年2月27日	认真对照原有检测点的数据进行现场校正核对，有出现数据不一致或存在移动的地方及时跟正，对发现有不稳定现象的地方进行加密布点监测，如有需要更换或撤销检测点的，要及时上报，批准后做出书面报告备案
《山西省煤矿管理标准》	山西省煤炭工业厅	2012年5月22日	露天煤矿要严格按照“一矿一场（采掘场）一线（工作线）”组织生产。露天开采矿井须按规定征用土地或签订土地使用和补偿协议。按照所属市、县政府意见质押土地复垦保证金，不得将矿田切块分包或转包
《国家发展改革委工业和信息化部关于印发〈现代煤化工产业创新发展布局方案〉的通知》（发改产业〔2017〕553号）	国家发展和改革委员会、工业和信息化部	2017年3月22日	

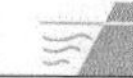

1.3 研究目标和内容

1.3.1 研究目标

（1）总体目标。紧密结合山西省气候、水资源及煤田水文地质特点，开展“基础调查—水量测算—影响评价—经济核算—收费补偿—计量示范”的全链条式系统研究，提出采煤对水资源影响的收费补偿政策，为全省采煤水资源费征收、费改税等相关管理工作提供科学依据，同时为全省煤矿排水计量监控、最严格水资源管理等工作提供技术支撑。

（2）具体目标。分析不同类型煤矿的采煤水资源影响量及其构成，提出不同类型煤矿排水计量关键技术及方案；开展采煤水资源影响的经济核算，提出相关费（税）率标准，提出采煤水资源影响的收费补偿政策草案；针对山西省水资源与煤炭之间的作用关系，从水资源管理角度提出一系列政策建议，包括建议国家参照河北地下水超采综合治理项目，将山西省作为试点样板，设立煤炭行业的水资源综合保护专项等，为我国其他资源型省（自治区、直辖市）提供示范经验。

1.3.2 研究内容

本书主要研究内容如下：

（1）国内外调研及山西省典型煤矿调查。采煤排水及对水资源的影响是世界范围的普遍课题，发达国家在采矿排水影响补偿、水处理及排放标准、计量及收费等方面积累了较多的经验，需要调研总结提炼。国内相关省份尤其是煤炭资源大省也面临采煤水资源影响的问题。通过国内外调研，为山西省采煤水资源影响的补偿政策提供参照。另外，山西省千余座煤矿可以划分成很多种类型，对不同类型的煤矿进行实地调查对提高研究成果的合理性和可操作性具有重要意义，不仅对在产煤矿进行调查，对关闭的老窑也选择典型矿井进行调查。

（2）采煤对水资源影响量的测算。不同的煤田水文地质条件下，采煤的排水量有极大的差异。本书将山西省六大煤田（大同、宁武、河东、西山、霍西、沁水）的所有煤矿划分为若干水文计算单元，根据先进的国际地下水模拟模型，结合现场调查及监测计量数据，分析计算各类煤矿采煤对水资源的影响，初步确定影响量，分为静储量和动储量两类。静储量为采煤导致含水层疏干的部分量，动储量包括采空汇水范围的降水入渗量及下部可能存在的岩溶水越流排泄量。除生产期的影响量外，还有计算分析煤矿关闭后的老窑水影响量。根据计算和实地典型调查校核，计

算出不同类型煤矿的采煤水资源影响与破坏量，作为水资源税费征收的技术依据。

(3) 采煤对水资源影响的经济成本核算。采用国际先进的可计算一般均衡（computable general equilibrium，CGE）模型，计算山西省采煤水资源影响的经济成本，将其作为制定水资源税费征收标准的基础依据。水资源影响量引发的外部经济成本包括资源成本、环境成本、供水成本等，在具体征收标准的确定上，除依据成本外，也参考相关省（自治区、直辖市）的标准，合理确定。

(4) 采煤对水资源影响的税费补偿政策研究。在上述研究基础上，按照科学合理、现实可行的原则，结合水资源管理的国家及省级相关法律法规及政策，测算推荐山西省采矿排水水资源税征收标准，拟定采矿排水水资源税征收办法草案。

(5) 采煤排水计量方案设计及工程示范。按照国家相关法规，水资源费必须按计量进行征收。山西省煤矿众多、条件差异大、排水方式多样，因此，需要研究不同类型排水的科学计量方法。本书将在煤矿现场调查基础上，分类提出排水计量的技术方案。同时，选择典型煤矿，进行计量工程示范。采煤对水资源的影响量不仅仅是计量得到的水量，例如，降水径流影响等是难以计量的，但影响显著，而煤矿关闭后的水资源影响也不是生产期能够计量出来的。因此，需要在实际计量基础上，综合考虑水资源影响测算结果，确定最终的水资源影响与破坏量。各煤矿的水资源税均按测算的水资源影响量征收，并定期进行影响量的校核与调整。计量工程示范拟采用国家水资源监控能力建设项目的技术标准，使其与现有的山西省国家水资源监控管理系统兼容。

1.4　研究技术路线

本书以国内外调研和现场实地调查为基础，以采煤水资源影响量测算及经济成本核算为核心，以采煤水资源影响的收费补偿政策为目标，突破采煤排水测算与计量关键技术难题并开展示范应用。

本书充分借鉴以往成果（如《山西省煤炭开采对水资源的破坏影响及评价》等），并咨询相关部门及专家意见，确保研究成果科学合理与现实可行。

本书研究技术路线见图1.2。

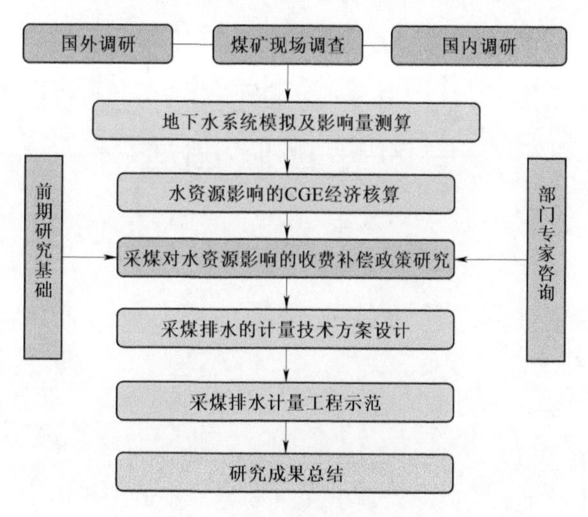

图 1.2　本书研究技术路线

第2章　山西省矿坑排水监测计量与收费现状调查

2.1　水资源及煤炭资源基本情况

2.1.1　概况

1. 地形地貌

山西省地处华北地区西部，黄土高原东翼，东依太行山与河北、河南两省为邻，西、南隔黄河与陕西、河南两省相望，北跨内长城与内蒙古自治区毗连。地理坐标为东经110°14′～114°33′、北纬34°34′～40°43′。南北长约680km，东西宽约380km，总面积为156271km^2，约占全国总面积的1.63%，其中海河流域面积为59133km^2，占全省总面积的37.84%；黄河流域面积97138km^2，占全省总面积的62.16%。

按地形起伏特点，可将山西省境分为东部山地区、西部高原区和中部盆地区三大部分。东部山地区以晋冀、晋豫交界的太行山为主干，由太行山、恒山、五台山、系舟山、太岳山、中条山以及晋东南高原和广灵、灵丘、阳泉、寿阳、长治、晋城、阳城、垣曲等山间小盆地组成。区内五台山叶斗峰海拔3058m，是华北地区制高点，全省最低点位于西南部垣曲县黄河谷地，海拔245m。西部高原地区是以吕梁山脉为骨干的山地性高原，由芦芽山、云中山、吕梁山等山系和晋西黄土高原组成，最高峰关帝山海拔2830m。黄土高原按地貌分类，自北向南可分为黄土丘陵、黄土沟壑和残塬沟壑三个部分。中部盆地区呈东北、西南向纵贯全省，由大同、忻定、太原、临汾、运城等一系列雁行式平行排列的地堑型断陷盆地组成，高程自北向南梯级下降，大同盆地1050m，太原盆地750m，至运城盆地降为400m。

各地貌类型占全省面积比重：山地约72.0%，高原11.5%，各类盆地16.5%。

2. 河流水系

山西省的外流河分属黄河和海河两大水系。在运城盆地还有以盐池为中心，面积约700km^{2}的内流区。外流河皆具有流程较短、流域面积窄小、河流纵比降大、冲刷严重、河水含沙量大等山地型河流的特点。

山西省较大的河流（流域面积在4000km^{2}以上）有黄河流域的汾河、涑

水河、沁河、三川河、昕水河及海河流域的桑干河、滹沱河、漳河等8条。

3. 水文地质

山西省水文地质条件，按含水岩类特性和地下水赋存条件，主要有三大类：松散岩类孔隙水，碳酸盐岩类岩溶裂隙水和变质岩、变质岩及碎屑岩裂隙水。

松散岩类孔隙水主要分布在中部盆地区的五大断陷盆地，含水岩组以第四系各种河湖相松散沉积物和冲积洪积地层为主。该类地下水补给来源以大气降水的垂直入渗为主，约占补给总量的70%；其次是侧向补给和岩溶水排泄区的碳酸盐岩类岩溶水。地表水和地下水的补给关系，因含水岩组埋深及其补给排泄条件而异。

山西碳酸盐岩类主要分布在太行、吕梁、太岳诸山及晋西北地区。岩溶发育具有典型的北方地下隐伏岩溶裂隙发育的特点，岩溶化程度受气候影响，自晋西北向晋东南逐渐增强。对每个岩溶泉域，自上游补给区向下游排泄区，因径流增大，溶蚀加强，岩溶化程度随之提高。下古生代碳酸盐岩类是省内主要岩溶含水地层，娘子关、神头、晋祠等大泉均发育于奥陶系中统。除灰岩裸露区直接接受降水渗入补给外，灰岩区河流，特别在横切河道的构造破碎带上，地表水大量漏失，也是岩溶水一项重要的补给来源。

变质岩、碎屑岩类地层省内出露面积约8万km^2，地下水赋存于风化裂隙和构造裂隙之中，含水层埋深较浅，作为山区基流以散泉形式排出，因径流过程短，调节能力差，泉水流量小而不稳。

2.1.2 水资源及开发利用状况

1. 水资源量

山西省1956—2000年多年平均年降水量为508.8mm，折合降水量795.1亿m^3。山西省境内大部分地区年降水量均值介于400～600mm。受气候、地形和纬度的综合影响，年降水量空间变化比较复杂。

全省多年平均水资源总量123.80亿m^3，其中地表水资源量86.77亿m^3，地下水与地表水资源量的不重复量为37.03亿m^3。多年平均地表水资源量86.77亿m^3，其中海河流域35.87亿m^3、黄河流域50.90亿m^3。山西省绝大部分河流属自产外流型，呈辐射状分布，由山西省境内发源向四周发散，最终汇入干流或流向省外；多年平均年入境水资源不足1.1亿m^3，主要为北部永定河分区的御河、十里河、淤泥河和洋河由内蒙古汇入；多年平均实际年出境水量为73.3亿m^3。多年平均地下水资源量86.35亿m^3，其中山丘区地下水资源量为67.65亿m^3，盆地平原区地下水资源量为31.83亿m^3，两者的重复量为13.13亿m^3。山丘区地下水资源补给源比较单一，主要是接受降水的垂直入渗补给，山区地下水资源模数由北向南、由西向东逐渐增大，盆地平原区的补给条件较为复杂，平均补给资源各盆地差异较大，同一盆地不同水文地质分区资源模数也有较大差别，临汾盆地、忻定盆地、太原盆地平均资源模数较大，运城盆地、黄河谷地及黄土台塬平均资源模数较小。

全省多年平均水资源可利用量 80.1 亿 m^3，其中地表水可利用量 48.0 亿 m^3，地下水可开采量 50.9 亿 m^3，重复利用量 18.8 亿 m^3。在地下水可开采量中，盆地平原区孔隙水 25.4 亿 m^3，岩溶山区 19.7 亿 m^3（16 个岩溶大泉岩溶水可开采资源量 19.1 亿 m^3），一般山丘区裂隙孔隙水 5.8 亿 m^3。

2. 水资源开发利用

2000—2017 年山西省历年供、用水量见表 2.1。

表 2.1　　2000—2017 年山西省历年供、用水量表

年份	供水量/亿 m^3				用水量/亿 m^3				
	地表水源	地下水源	其他水源	合计	农业	工业	生活	生态环境	合计
2000	20.7	35.7	0.5	56.9	35.1	13.4	7.9	0.0	56.4
2001	20.9	36.2	0.5	57.6	36.3	13.1	8.2	0.0	57.6
2002	20.8	36.2	0.5	57.5	35.5	13.5	8.5	0.0	57.5
2003	19.9	35.8	0.5	56.2	33.3	14.1	8.5	0.3	56.2
2004	20.4	35.0	0.5	55.9	32.9	13.9	8.7	0.3	55.9
2005	20.5	34.8	0.5	55.7	32.7	13.9	8.7	0.4	55.7
2006	21.6	37.7	—	59.3	34.2	15.4	9.3	0.4	59.3
2007	22.5	36.2	—	58.7	34.3	14.4	9.5	0.5	58.8
2008	21.8	35.1	—	56.9	32.9	13.5	9.8	0.7	56.9
2009	23.3	33.0	—	56.3	34.4	10.5	10.0	1.3	56.3
2010	29.3	34.5	—	63.8	38.0	12.6	10.6	2.6	63.8
2011	32.7	38.6	2.9	74.2	43.5	14.3	13.0	3.4	74.2
2012	31.8	38.8	2.8	73.4	42.7	15.5	11.8	3.3	73.4
2013	33.2	36.1	4.5	73.8	43.1	14.9	12.3	3.5	73.8
2014	32.8	35.1	3.5	71.4	41.6	14.2	12.2	3.4	71.4
2015	37.1	33.2	3.3	73.6	45.2	13.7	12.3	2.3	73.6
2016	39.5	31.7	4.4	75.5	46.7	12.9	12.6	3.3	75.5
2017	39.6	31.1	4.2	74.9	45.5	13.5	12.8	3.0	74.9

2017 年，山西省各种水源工程为经济社会用水户提供的供水总量为 74.9 亿 m^3。其中，地表水源工程供水量为 39.6 亿 m^3，占供水总量的 52.9%；地下水源工程供水量为 31.1 亿 m^3，占总供水量的 41.5%；其他水源工程供水量

4.2 亿 m^3，占总供水量的 5.6%。

2017 年，总用水量 74.9 亿 m^3。其中，生活用水（包括城镇和农村居民生活用水）12.8 亿 m^3，占总用水量的 17.1%；工业用水 13.5 亿 m^3，占总用水量的 18.0%；农业用水 45.5 亿 m^3，占总用水量的 60.8%；生态环境补水 3.0 亿 m^3，占总用水量的 4.0%。

2000 年以来，山西省的用水量逐渐增加并趋于稳定，水资源开发利用率由 2000 年的 46%增加至 2017 年的 61%。地下水供水量先增后减，浅层地下水开采量主要集中在平原区，在运城、晋中、大同、太原的浅层地下水开发利用率高于 50%。

3. 地下水利用量

2000—2017 年山西省历年地下水利用量见表 2.2。

表 2.2　　2000—2017 年山西省历年地下水利用量表　　单位：亿 m^3

年份	农业用水量			工业用水量	生活用水量			生态环境用水量	总用水量
	农田灌溉	林牧渔畜	小计		城镇公共	居民生活	小计		
2000	19.2	0.6	19.8	9.3					35.7
2001	19.8	0.8	20.6	8.7					36.2
2002	19.3	0.8	20.1	9.0					36.2
2003	18.3	1.6	19.9	9.6	1.5	4.6	6.1	0.3	35.8
2004	17.9	1.7	19.6	9.3	1.4	4.4	5.8	0.3	35.0
2005	17.5	1.7	19.2	9.7	1.3	4.3	5.6	0.3	34.8
2006	19.3	1.7	21.0	10.4	1.4	4.6	6.0	0.3	37.7
2007	17.9	1.5	19.4	10.4	1.4	4.7	6.1	0.4	36.2
2008	16.5	1.6	18.1	9.7	1.1	5.5	6.6	0.6	35.1
2009	16.0	1.7	17.7	7.2	1.5	5.9	7.4	0.7	32.9
2010	15.8	1.6	17.4	10.3	1.3	6.2	7.5	0.7	35.9
2011	17.2	2.5	19.7	9.2	2.1	6.9	9.0	0.6	38.6
2012	17.7	1.4	19.1	9.7	2.0	7.4	9.4	0.7	38.8
2013	17.8	1.5	19.3	9.2	2.0	7.0	9.0	0.8	38.3
2014	16.7	1.3	18.0	7.2	1.8	7.3	9.1	0.8	35.1
2015	15.9	1.3	17.2	6.7	1.6	7.4	9.0	0.4	33.2
2016	15.0	1.4	16.4	5.7	1.4	7.5	8.9	0.7	31.7
2017	14.5	1.4	15.9	5.8	1.4	7.6	9.0	0.4	31.1

2017 年，总用水量中地下水供水量 31.1 亿 m^3。其中，生活用水中地下水用水量 9.0 亿 m^3，占总用水量中地下水用水量的 28.9%；工业用水中地下

水用水量 5.8 亿 m^3，占总用水量中地下水用水量的 18.6%；农业用水中地下水用水量 15.9 亿 m^3，占总用水量中地下水用水量的 51.1%；生态环境补水中地下水用水量 0.4 亿 m^3，占总用水量中地下水用水量的 1.3%。

4. 矿坑水利用量及排水量

根据山西省水资源公报相关统计资料，2005—2009 年山西省矿坑水利用量介于 2.13 亿～2.28 亿 m^3；在矿坑排水量方面，2003—2005 年山西省矿坑排水量介于 0.86 亿～0.97 亿 m^3，2015—2017 年介于 0.76 亿～0.81 亿 m^3，见表 2.3。

表 2.3　　2000—2017 年山西省历年矿坑水利用量及排水量表

年份	矿坑水利用量/亿 m^3	矿坑排水量/万 m^3	年份	矿坑水利用量/亿 m^3	矿坑排水量/万 m^3
2000	—	—	2009	2.1546	—
2001	—	—	2010	—	—
2002	—	—	2011	—	—
2003	—	9730.4	2012	—	—
2004	—	9132.5	2013	—	—
2005	2.1306	8599.1	2014	—	—
2006	2.2102	—	2015	—	7604.2
2007	2.2329	—	2016	—	7966.7
2008	2.2865	—	2017	—	8142.2

2.1.3　煤炭资源状况

山西省煤炭资源极其丰富，含煤地层面积约占全省总面积的 40%，全省 119 个县（市、区）中赋存煤炭资源的有 91 个。自北向南分布有大同、宁武、西山、沁水、霍西及河东六大煤田 18 个矿区和浑源、五台、平陆、垣曲等煤产地。

截至 2015 年年底，山西省拥有各类煤矿 1078 座，其中兼并重组保留了 1053 座，国家新核准 25 座，总产能 1.4Gt/a，平均单井规模 1.345Mt/a。截至 2016 年年底，已有 788 座重组整合矿井，在建矿井 143 座，其中整合改造矿井 134 座；新建、升级改造矿井 9 座；尚有 22 座矿井正在进行联合试运转；停缓建矿井多座。

山西省六大煤田的空间展布，除部分受成煤期前的构造格局控制外，主要还是与成煤期后的改造作用有关。各大煤田主要形成在地质构造的坳陷或向斜盆地，而坳陷或向斜盆地边缘的隆起区和断裂又恰好形成了各煤田的天然

分界。

(1) 大同煤田。该煤田位于山西省最北部，煤田总面积 1800km²，其中石炭、二叠纪煤田面积 1100km²，侏罗纪煤田面积 772km²，重复面积约 680km²。

石炭、二叠纪煤，可采煤 3～6 层，一般厚 14～15m。煤质为气煤，主要化验指标：灰分 10%～30%，挥发分 38%～39%，硫分 0.4%～1%，发热量 7000～8000kcal/kg，胶质层厚 11～17mm。该煤田开采条件好。

侏罗纪大同组煤，稳定可采煤 7 个层组，煤层总厚一般 10～20m。煤质为弱黏结煤，主要化验指标：灰分 5%～10%，挥发分 27%～33%，硫分 0.1～1%，发热量 7l00～8200kcal/kg。

(2) 宁武煤田。该煤田东北部平鲁、朔州、阳方口等地，面积 3500 多 km²，以石炭、二叠纪煤为主。煤层埋藏较浅，开发条件较好。平鲁、朔州部分矿区适于露天开采，安太堡露天煤矿就坐落在该煤田的东北角上。煤质为气煤，主要化验指标：灰分 20%～29%，挥发分 37%～39%，硫分 1%～3%，发热量 7000～7600kcal/kg。

(3) 西山煤田。该煤田跨太原市，清徐、文水、交城、娄烦等县，总面积 1600km²。以石炭、二叠纪煤为主，是六大煤田中较小的一个。煤田内可采煤 2～6 层，总厚 15～16m。西山矿区煤质多焦煤、瘦煤和贫煤，古交矿区为焦煤、瘦煤、贫煤和肥煤，清交矿区为瘦煤、贫煤和无烟煤。

该煤田地处省会太原市，交通方便。煤田地质构造简单，煤层平缓，倾角 5°～7°，埋藏较浅，煤田东部及北部开发条件优越。焦煤：灰分 7%～36%，挥发分 18～31%，硫分 0.27%～2.58%，胶质层厚 11～35mm；肥煤：灰分 7%～38%，挥发分 24%～33%，硫分 1.2%～1.8%，胶质层厚度 22～24mm；瘦煤：灰分 16%～28%，挥发分 15%～20%，硫分 0.3%～2%，胶质层厚 11～35mm；贫煤：灰分 16%～28%，挥发分 15%～20%，硫分 1%～6%。

(4) 沁水煤田。该煤田位于山西省东南部，包括太原东山，以及寿阳、阳泉、昔阳、和顺、左权、武乡、沁县、襄垣、长治、高平、晋城、阳城、安泽和翼城等县，总面积近 30000km²，为全省面积最大的煤田。含煤岩系主要是太原组和山西组地层。该煤田中部煤层埋藏较深，周围开发条件较好。

煤种多为肥煤、瘦煤和贫煤。主要化验指标：阳泉无烟煤灰分 12%～21%，挥发分 7%～10%，硫分 0.9%～1.9%，发热量 8100～8600kcal/kg；晋城无烟煤灰分 13%～20%，挥发分 4%～12%，硫分 0.3%～0.8%，发热量 7800～8400kcal/kg；潞安煤种为瘦煤和贫煤。襄垣北部煤种主要为焦煤，焦煤灰分 14%～20%，挥发分 14%～16%，硫分 0.36%～2.3%，胶质层厚

8～12mm；瘦煤灰分8%～20%，挥发分14%～17%，硫分0.3%～2.3%，发热量7520kcal/kg；贫煤灰分13%～18%，挥发分13%～18%，硫分0.36%～3.2%，发热量7300～8800kcal/kg。

（5）霍西煤田。该煤田位于山西省西南部，跨汾阳、孝义、介休、灵石、汾西、蒲县、霍州、洪洞、临汾、襄汾等县，总面积约3900km²。含可采煤1～9层，总厚2～21m。煤质为气煤、肥煤、焦煤和瘦煤。该煤田地质构造，除霍山西麓边缘一带比较复杂，其他地区开采条件良好。肥煤灰分7%～25%，挥发分22%～32%，硫分0.5%～4%，发热量8370～8660kcal/kg，胶质层厚24～39mm；焦煤灰分11%～26%，挥发分18%～28%，硫分0.4%～5%，发热量7360～8700kcal/kg，胶质层厚18～23mm；瘦煤灰分12%～24%，挥发分16%～19%，硫分0.5%～3.8%，发热量7120～8510kcal/kg，胶质层厚13mm。

（6）河东煤田。该煤田位于山西省西部吕梁山以西，黄河以东，呈南北方向的带状分布，由北部偏关县开始经河曲、兴县、临县、离石、柳林、中阳、大宁等县，直至乡宁县，面积16900km²，在山西煤田中位居第二。煤种有气煤、肥煤、焦煤和瘦煤，其中离石、柳林、乡宁盛产优质焦煤。柳林青龙城煤矿焦煤化验指标：灰分7.34%，挥发分21.17%，硫分0.5%，磷0.022%，发热量8760kcal/kg，胶质层厚17mm。乡宁地区焦煤化验指标：灰分12%～15%，挥发分19%～24%，硫分0.1%～1.9%，发热量8700kcal/kg，胶质层厚16～24mm。

2.1.4　煤田水文地质条件及其特征

纵观山西全省煤矿分布，自北而南，水文地质条件具有由简单向中等的变化规律，宁武煤田、河东煤田北部，水文地质条件简单，局部较复杂；霍西、西山煤田含水层多，含水性较强，降水量较大，所以水文地质条件中等，局部复杂。从垂直剖面分析，自上而下即由浅到深，含水层含水具有由弱到强的变化趋势，即煤系顶板砂岩和煤系砂岩、石灰岩含水性弱，局部中等，煤层底部下伏奥陶系石灰岩岩溶含水性强。

1. 大同煤田

（1）寒武-奥陶系石灰岩岩溶裂隙含水层。出露于大同煤田西南、西部边缘的西石山脉及东部边缘的口泉山脉，由南向北逐渐变薄，一般全层厚度为520～820m，自下而上为浅灰、紫红色竹叶状灰岩、鲕状灰岩，灰色厚层状灰岩，白云质结晶灰岩和块状灰岩、泥灰岩。据左云南普查区水文孔资料，揭露灰岩厚度为45.63～309.61m，含水层厚度为0～50m，裂隙多被方解石充填，溶洞少，水位标高1090.54～1340.00m，含水性取决于裂隙、溶洞的发育程

度。单位涌水量 0.000009～0.95L/(s·m)，渗透系数 0.0008～8.00m/d，富水性弱，局部中等。

全区灰岩地下水具有承压特征，补给来源主要来自西北部玄武岩裂隙水侧向补给，其次为西部奥陶灰岩接受大气降水补给，极少量来自东部露头，水力坡度为 3‰～10‰，主要向南流，神头泉为主要排泄点。神头岩溶泉位于平朔矿区东南部，多年平均泉流 6.74m^3/s（1956—2003 年），泉水出露标高 1052.00～1065.00m。

（2）石炭系太原组，二叠系山西组，上、下石盒子组砂岩裂隙含水层。岩性主要由砂岩、砾岩等粗碎屑岩含水层和砂质泥岩、泥岩等细碎屑岩相对隔水层组成。富水性极弱～中等。地下水向大同向斜轴部汇聚，在地形低洼的河谷曾经分别出现自流，自流水头高出地表 2.35～0.39m。

（3）侏罗系永定庄组、大同组、云岗组砂岩裂隙含水层。主要由各种粒级砂岩和泥岩、砂质泥岩等细碎屑岩组成，其中砂岩含水层单位涌水量 0.0004～0.626L/(s·m)。但与地形、地貌、地质构造相适应的河谷地段基岩风化壳与冲积层及地表水有直接水力联系者，富水性较好，单位涌水量 0.5～1.80L/(s·m)，渗透系数 3.36m/d。在十里河云岗镇南岸阶地上，煤田开采前大同组含水层地下水出现自流，自流水头 0.67～11.35m，单位涌水量 0.60L/(s·m)。

（4）风化壳裂隙含水层。各时代基岩地层，在近地表下 30～40m 以内，风化裂隙较发育。其富水性随补给条件不同而变化，一般丘陵地带富水性弱，而河谷两侧与冲积层潜水或地表水有水力联系的富水性较强，单位涌水量 0.003～0.23L/(s·m)，渗透系数 0.28～2.26m/d。十里河、口泉河、鹅毛口沟风化壳含水层已遭破坏，地下水已大部分或全部漏失井下。

（5）第四系冲积、洪积层孔隙含水层。位于河谷两岸一级、二级阶地及河漫滩，厚度为 1.70～35.80m，含水层为砂土层、砾石层；单位涌量 1.21～9.47L/(s·m)，渗透系数 5～22.40m/d，富水性较强。

2. 宁武煤田

（1）主要含水层。宁武煤田以宁静向斜为主体构造，地形主体呈中部高、南北两端低的趋势。以云中山脉分水岭为界，将地表水体分为两个不同的地表水系，分水岭南部属黄河流域汾河水系，分水岭以北属海河流域桑干河水系。以朔州平原南部王万庄区域性大断裂为地下水相对隔水边界，将宁武煤田划分为南北两个独立的水文地质单元。宁静向斜总体上在本区域构成一个承压水自流盆地，按其含水特性可划分为四个含水岩组，即松散岩类孔隙含水岩组，碎屑岩类裂隙含水岩组，碳酸盐岩类裂隙、岩溶含水岩组，变质岩类裂隙含水岩组。

（2）地下水的补给、径流与排泄条件。区域地下水的来源主要为大气降水，其次为地表水。本区外的西南石灰岩出露区为奥灰含水层补给区，地表径流岚河是本区地表水的排泄道，地下水由西南向东北在下静游一带泄出。

3. 西山煤田

（1）主要含水层。

1）奥陶系岩溶水含水层：含水性以石灰岩为主，含水性与含水层埋藏深度有密切关系，埋藏越浅，裂隙岩溶越发育，含水也越丰富，反之含水越少。据山西煤田水文地质勘探229队于2001年在西山煤田进行水文地质勘查的资料，钻孔抽水试验，单位涌水量1.479～4.07L/(s·m)，渗透系数5.40～15.56m/d，该含水层富水性强。

2）石炭系太原组石灰岩溶隙及砂岩裂隙含水层：该裂隙岩溶含水层组由L_1、K_2、L_4三层灰岩组成，大部埋藏较深，裂隙、岩溶均不发育，透水性及含水性差；单位涌水量为0.00095L/(s·m)，渗透系数为0.058m/d，水位标高1094.85m，含水层富水性弱。

3）石炭系上统山西组砂岩裂隙含水层组：该含水层组主要为K_3砂岩和2号、4号煤层间砂岩，大多埋藏较深，含水性差；单位涌水量为0.042～0.052L/(s·m)，渗透系数为0.203～0.217m/d，水位标高为1151.76m，含水层富水性弱。

4）二叠系上下石盒子组砂岩裂隙含水层组：该含水层组为厚层状中、粗砂岩，井田内出露较多，但由于其分布位置较高，又多被沟壑所切割，一般含水性差。

（2）地下水的补给、径流与排泄条件。岩溶水补给来源主要为区域出露部分接受大气降水和河流渗漏补给，由北西向东南方向径流，最终排向晋祠泉。含煤地层及其上碎屑岩裂隙及碎屑岩夹灰岩溶隙含水层补给主要岩层出露区接受大气降水，含水层接受大气降水补给后，随地层倾向变化顺层径流。该组含水层的排泄方式为主要下降泉、矿坑排水和民用开采等。

4. 沁水煤田

（1）主要含水层。

1）奥陶系中统石灰岩岩溶裂隙含水层：为区域最主要的含水层，其特点是含水层厚度大，埋藏深，承压水头高，含水丰富，水质好。一般奥陶系峰峰组灰岩富水性弱，上、下马家沟组灰岩岩溶裂隙发育，富水性强。

2）石炭系上统砂岩裂隙、石灰岩岩溶裂隙含水层：本含水层组岩性主要为太原组砂岩、石灰岩构成的含水层，其补给、排泄条件及含水层富水性因所处构造位置不同而变化，一般补给条件较差，砂岩及石灰岩的裂隙及岩溶均不太发育。钻孔单位涌水量一般小于0.01L/(s·m)，富水性弱，但局部受构造

等因素影响，也有富水性较强的地段。

3）二叠系砂岩裂隙含水层：本含水层组为一套砂岩和泥岩地层的组合，砂岩为主要含水层，接受大气降水补给，在沟谷低洼地带也接受地表水及第四系孔隙水补给，一般富水性弱。单位涌水量一般在0.01～0.10L/s之间。浅部的风化带裂隙含水层的地下水水位、水量、水温等季节性动态特征显著。

4）第四系松散岩类孔隙含水层：多分布于较大沟谷及两侧一级阶地，该含水层组的地下水直接接受大气降水、河流及地表水的补给，单井出水量一般为0.02～0.20L/s，富水性弱～中等。

（2）地下水的补给、径流与排泄条件。

1）岩溶地下水：区域岩溶水属延河泉域水文地质单元。大气降水和地表水通过灰岩裸露区垂直入渗补给是其主要补给方式。另外，松散岩类孔隙水和其他含水层地下水，通过断层、陷落柱等构造通道向深部越流，也是岩溶地下水的补给来源之一。岩溶地下水接受补给后，由北西向南东和由北东向南西运动，最终排向延河泉。

2）碎屑岩裂隙地下水：大气降水的垂直入渗是碎屑岩砂岩裂隙地下水的主要补给来源，另外通过断层、陷落柱等构造通道，也可接受其他含水层的补给。含水岩组内各个含水层相对呈层状，水力联系较弱。地下水一般沿地层倾斜方向运动，在径流过程中，因沟谷切割受阻，常以泉水的形式排出地表。

3）松散岩类地下水：松散岩类孔隙含水层地下水的来源主要是大气降水和地表水的入渗补给，局部与基岩裂隙水有互补现象；径流方向与地表水的径流方向基本一致；其排泄方式除排向地表河流外，主要是人工开采，在奥陶系灰岩裸露区，往往下渗补给深层岩溶水。

5. 霍西煤田

（1）主要含水层。

1）碳酸盐岩类岩溶裂隙含水岩组：主要为奥陶系灰岩，区域西、西北部均有出露，其埋深由西而东逐渐加大。岩溶发育，有利于地下水循环，在霍州市郭庄群泉以7.23m^3/s的涌水量排泄而出。水量充沛，富水性较强。

2）碎屑岩类裂隙含水岩组：主要为石炭系太原组石灰岩，二叠系山西组，石盒子组砂岩层，尤以太原组石灰岩为主，分K_2、K_3、K_4三层，总厚度约14.14m，在区域西、西北部出露，大致向东倾没。裂隙发育程度在平面上分布不均，因而在不同地段富水性相差较大。山西组及石盒子组砂岩含水层一般水量不大、富水性微弱。山西组砂岩单位涌水量仅0.00091L/(s·m)，渗透系数0.009m/d。

3）松散岩类孔隙承压水含水岩组：主要为第三系河湖相堆积物，由砂、

砂砾、砾石层组成，出露于低山及山前倾斜平原的河谷之中，厚度为0～120m，单位涌水量0.31～4.60L/(s·m)，渗透系数2.39～27.90m/d。

4）孔隙潜水含水岩组：主要为第四系河床冲积层，由砂、卵石组成，分布于高阳河、兑镇河、孝河及各支流河谷之中，厚度为0～20m，局部富水性较强，其水位埋深小于8m。

（2）地下水的补给、径流与排泄条件。

1）碳酸盐岩类岩溶裂隙含水岩组：其主要补给来源为大气降水。地下水的运动流向与汾河大致相同，汇集于霍州市郭庄一带受下团柏断层阻挡而以泉水形式涌出。

2）碎屑岩类裂隙含水岩组：这类裂隙潜水含水层的补给来源以大气降水为主，其次为风化裂隙潜水及山间沟谷地表的入渗补给。

3）松散岩类孔隙承压水含水岩组：补给来源为大气降水，地下水沿地层倾向方向运动，可作为临时供水水源地。

4）孔隙潜水含水岩组：补给来源为大气降水，水流运动方向与河流沟谷延伸方向一致，基本上全为由西向东运动；其成为当地居民饮用水及农业灌溉用水的主要水源。

6. 河东煤田

（1）主要含水层。根据岩性组合、含水介质、空隙类型及含水特征，将区域划分为以下四大含水岩组：

1）松散岩类孔隙水含水岩组：该含水岩组主要分布在河谷水文地质区，其次是低山丘陵水文地质区，中高山及中山水文地质区亦有零星分布，但水文地质意义不大。第四系松散岩类孔隙水含水岩组：河谷区孔隙水含水岩组主要分布在三川河谷及其支流河谷（北川河、东川河、南川河），以及湫水河谷；含水层以第四系全新统（Q_4）冲积层为主，其次为上更新统（Q_3）冲洪积层，含水层岩性为砂、砂砾卵石层，含水层厚度一般为1～10m，砂质充填，含少量泥质，结构疏松，孔隙发育，有利大气降水入渗及地表水渗漏补给，赋存有较丰富的孔隙潜水；含水层以上更新统（Q_3）和中更新统（Q_2）洪积层为主，全新统（Q_4）仅在开阔河谷地段零星出露；含水层岩性为透镜状砂砾石层（底砾）及含砾砂土，含水层厚0～5m不等，泥砂质充填，结构一般较疏松，孔隙较发育，接受大气降水入渗补给，贮存孔隙水。第三系松散岩类孔隙水含水岩组主要分布在低山丘陵水文地质区；含水层为第三系上新统（N_2）砂砾岩，厚度一般为1～6m，钙质半胶结，砾径大小不一，泥、砂、砾混杂，分选性及磨圆度差，结构较疏松，孔隙发育，赋存孔隙潜水～微承压水。

2）碎屑岩类裂隙水含水岩组：该含水岩组主要分布在低山丘陵水文地质

区。根据岩性组合及含水介质的不同，划分两个含水亚组。碎屑岩类含水岩组含水层主要以二叠系中粒砂岩、粗粒砂岩为主，以泥岩、砂质泥岩为隔水层，具有含、隔水层相互叠置的互层特征。该含水岩组地表及浅部风化裂隙及构造裂隙较发育，富水性稍好。但相对深部而言，因其上覆有巨厚的隔水层，加之砂岩的难溶成分高，裂隙的开启程度一般较差，同时由于地形复杂，且地表出露面积有限，因此不利于大气降水入渗补给及地表水的渗漏补给。碎屑岩夹碳酸盐岩类含水岩组含水层主要为石炭系太原组所夹几层生物碎屑灰岩（L_1～L_5），赋存裂隙（岩溶不发育）潜水～承压水。该组几层灰岩单层厚度一般为1～10m，累计厚度30m左右，地表仅见在煤层露头线一带出露，出露宽度与面积不大。由于地形条件复杂，加之出露面积有限，尤其相对深埋区而言，上覆有巨厚的隔水地层所覆盖，岩溶裂隙一般不发育。不利于大气降水的入渗和地表水的渗漏补给，富水性一般较差，仅在构造发育地段或有导水断层的沟通情况下，富水程度稍强。

3）碳酸盐岩类岩溶裂隙水含水岩组：中奥陶统岩溶裂隙水含水岩组在柳林泉域范围内，受构造条件、地形条件及其埋藏条件的制约，岩溶裂隙发育程度具有不均匀性。地下水埋深几十米到百余米不等，局部自流，区内含水层有比较明显的边界，岩溶裂隙发育程度及含水层的富水性随埋深的增加而减弱，具有明显的分带性。区内不同地段地下水的运动条件有显著的变化，富水程度也有所不同，含水层的非均质性明显。东部覆盖区（浅埋区）与西部埋藏区（深埋区）水文地质条件有明显差异。

4）变质岩侵入岩类裂隙水含水岩组：岩性为元古界及太古界变质岩及侵入岩组成。经长期构造变动及风化侵蚀，地表及浅部风化裂隙发育，含孔隙潜水。因裂隙开启程度差，加之地形陡峭，沟谷切割剧烈，不利于地下水的贮存，具有埋藏浅、富水性差等特点。

（2）地下水的补给、径流与排泄条件。区内地下水的补给来源是以大气降水入渗为主，其次是河水及其他地表水体的渗漏补给，渠系及灌溉水的回归也是补给来源之一。其补给来源通过各类岩石的孔隙、裂隙及岩溶渗入地下，在不同地形地貌、地质构造和自然条件下，做垂直运移或水平径流、汇集，并以侵蚀下降泉或受阻溢流的形式排泄于河谷、沟谷或地形低洼处；其次是以潜流的形式流出区外。地下水的径流方向与地形坡降基本一致，也由东、南、北三面向三川河谷及西部黄河方向径流和汇集。

2.1.5 煤田与地下水超采区的空间关系

山西省划定的地下水超采区面积为10609km^2，其中严重超采区面积为1848km^2，禁采区面积为899km^2（含超采区以外禁采区面积603km^2），限采区面积为 10313km²。山西省共划分 22 个超采区，主要分布在大同市、晋城市、长治市、运城市、临汾市、吕梁市、朔州市、太原市、忻州市 9 个地市。岩溶水超采区面积为 4213km²，其中一般超采区面积为 3651km²，严重超采区面积为 562km²，地貌分区为岩溶山区；孔隙水超采区面积为 6312km²，其中一般超采区面积为 5026km²，严重超采区面积为 1286km²，地貌分区为大同盆地、忻定盆地、太原盆地、临汾盆地和运城盆地；裂隙水超采区面积为 84km²，为一般超采区，地貌分区为一般山区。禁采区 27 个，主要分布在各地市城市管网覆盖且具备替代水源的地区、岩溶大泉泉域保护区、重要文物保护区、重要湿地保护区以及高速铁路基础设施保护区。

地下水超采区煤矿分布面积统计见表 2.4。从山西省现有煤矿的分布情况来看，六大煤田中宁武煤田和河东煤田没有位于地下水超采区；大同、西山、霍西及沁水煤田位于超采区的面积分别为 0.53km²、1904.19km²、561.94km²、3118.28km²，其中位于岩溶水超采区的面积分别为西山煤田 1885.85km²、霍西煤田 369.53km²、沁水煤田 1193.09km²，位于孔隙水超采区的面积分别为大同煤田 0.53km²、西山煤田 18.34km²、霍西煤田 192.41km²、沁水煤田 1791.05km²，位于裂隙超采区的只有沁水煤田，面积为 134.14km²。

表 2.4　　超采区煤矿分布面积统计表　　单位：km²

煤田	岩溶水超采区面积		孔隙水超采区面积		裂隙水超采区面积	合计
	一般超采区	严重超采区	一般超采区	严重超采区	一般超采区	
大同煤田	0	0	0.53	0	0	0.53
宁武煤田	0	0	0	0	0	0
河东煤田	0	0	0	0	0	0
西山煤田	1679.63	206.22	18.34	0	0	1904.19
霍西煤田	369.53	0	192.41	0	0	561.94
沁水煤田	882.12	310.97	1342.58	448.47	134.14	3118.28
合计	2931.28	517.19	1553.86	448.47	134.14	5584.94

2.2　矿坑排水现状调查

2.2.1　调研工作开展情况

为做好山西省采煤对水资源影响的收费补偿政策及关键技术研究工作，中国水利水电科学研究院项目组在 2016 年前期调研的基础上，于 2017 年 9—10

月，又分四组对山西省各市典型煤矿进行了调研。先后调查了 180 座煤矿，与煤矿企业进行了座谈交流，填写了有关表格，收集了相关资料，并对矿井水处理站以及计量设施、露天矿矿坑与复垦土地进行了察看。

通过调查研究与专题论证，对煤矿采矿排水监测计量和水资源费征收现状有了更加全面了解，对采矿排水水资源费征收及计量监测有了系统认识，为研究顺利实施奠定了基础。

2.2.2 调研煤矿及其代表性

1. 调研煤矿位置分布

调查煤矿涵盖不同地域和煤田。在六大煤田 18 个矿区、平陆及垣曲 2 个煤产地、45 个县，共 180 座典型煤矿开展实地调研或资料收集整理，调研煤矿数量分布见图 2.1。

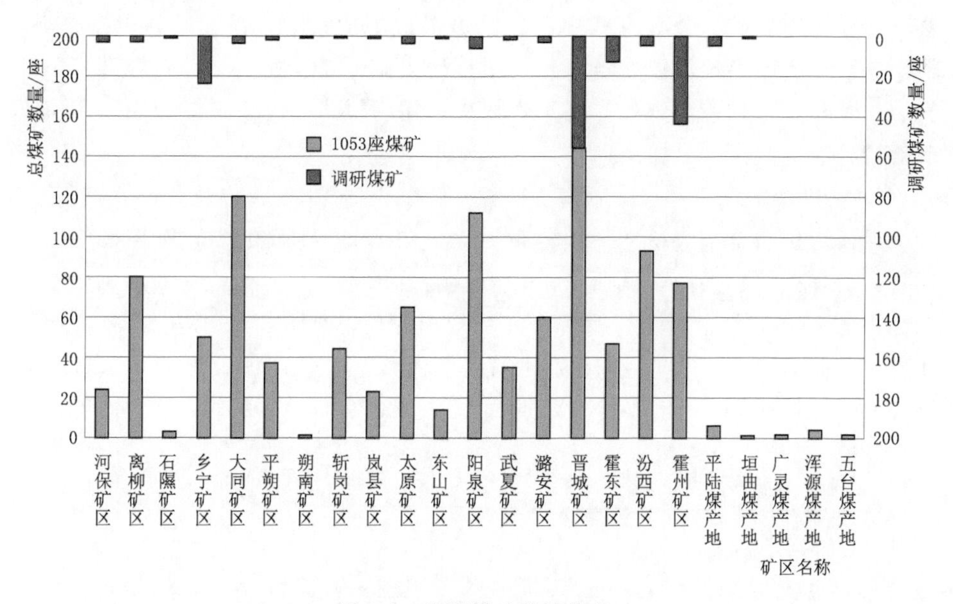

图 2.1 调研煤矿数量分布

调研小组第一组的调研范围是太原和晋中两个地级市。太原市调研煤矿分布在晋源区和古交县，包括龙泉煤矿、千峰煤矿、马兰煤矿、西曲煤矿和白家庄煤矿等调查点。晋中市调研煤矿分布在平遥市和介休市，包括二亩沟煤矿、东沟煤矿和左则沟煤矿等调查点。

调研小组第二组的调研范围是大同、朔州和忻州三个地级市。大同市调研煤矿分布在南郊区和左云县，包括塔山煤矿、鹊山高家窑煤矿和韩家洼煤矿等调查点。朔州市调研煤矿分布在山阴县和平鲁区，包括华昱五家沟煤矿、东露天矿和麻家梁煤矿等调查点。忻州市调研煤矿分布在宁武县、静乐县和保德县，包括神达南岔煤矿、大远煤矿、世德孙家沟煤矿和泰山隆安煤矿等调查点。

调研小组第三组的调研范围是运城、临汾和晋城三个地级市。运城市调研煤矿主要集中在河津市，包括王家岭煤矿、薛虎沟煤矿和虎峰煤矿等调查点。临汾市调研煤矿分布在乡宁县、蒲县和古县，包括保利裕丰煤矿、华宁焦煤、华晋吉宁煤矿、黑龙煤矿和下辛佛煤矿等调查点。晋城市调研煤矿分布在泽州县和高平市，包括王坡煤矿、成庄煤矿、长平煤矿、伯方煤矿和唐安煤矿等调查点。

调研小组第四组的调研范围是阳泉、吕梁和长治三个地级市。阳泉市调研煤矿分布在盂县和平定县，包括东坪煤矿、石店煤矿、跃进煤矿和汇能煤矿等调查点。吕梁市调研煤矿分布在临县、孝义县、岚县、柳林县、中阳县和交口县，包括南庄煤矿、金晖万峰煤矿、昌恒煤矿、黄家沟煤矿、宏盛聚德煤矿、梗阳煤矿和华瑞煤矿等调查点。长治市调研煤矿分布在长治县、武乡县、沁源县、长子县，包括东庄煤矿、马军峪煤矿、司马煤矿、王庄煤矿和霍尔辛赫煤矿等调查点。

2. 调研煤矿规模

调研煤矿与全部煤矿的规模分布对比见图2.2。调研的180座煤矿中，不同规模的煤矿均有涉及，调研煤矿总生产能力3.0亿t/a，占1053座煤矿总生产能力的23%，涵盖特大、大和中三种规模煤矿，见图2.2。其中，特大型煤矿（生产能力不低于1000万t/a）4座，大型煤矿（生产能力不低于120万t/a）80座，中型煤矿（生产能力介于30万～120万t/a）96座，分别占不同规

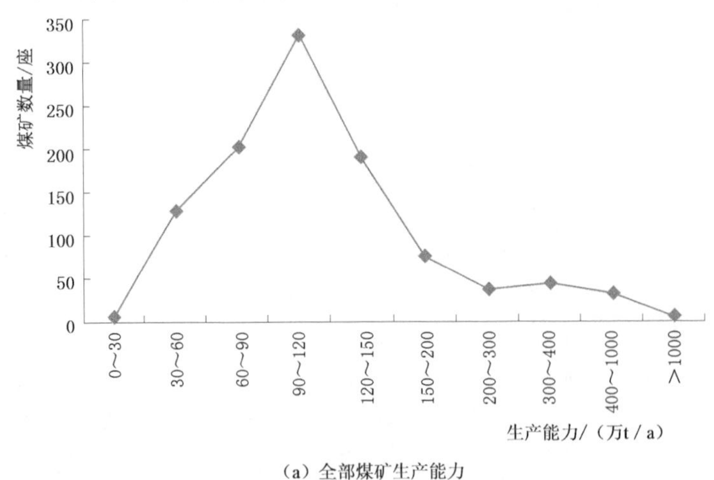

(a) 全部煤矿生产能力

图2.2（一）　全部煤矿与调研煤矿的规模分布对比

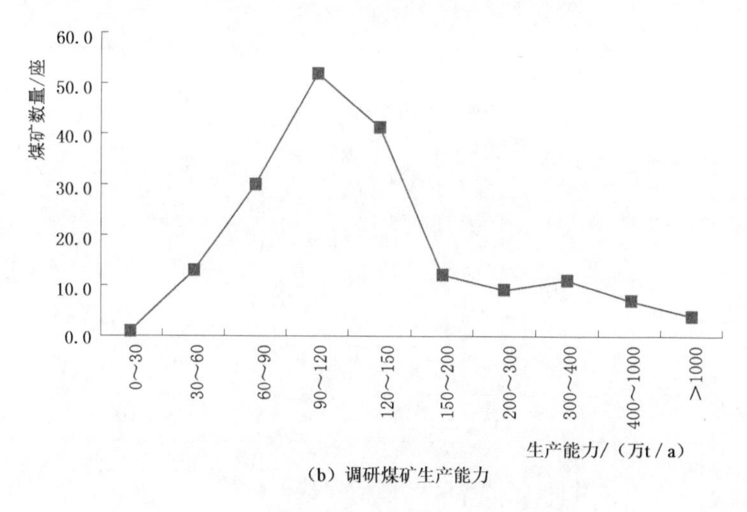

(b) 调研煤矿生产能力

图 2.2(二) 全部煤矿与调研煤矿的规模分布对比

模煤矿总生产能力的52%、22%和15%。除广灵、浑源、五台煤产地没有涉及外，其余18个矿区2个煤产地均有涉及。调研煤矿占用资源储量占全部煤矿的33%，保有资源储量占比为32%。

3. 水文地质条件

调研煤矿涉及汾河、沁河等水系和晋祠泉、郭庄泉等泉域。调研的180座煤矿中，132座煤矿处于12个泉域范围内，其中龙子祠泉域、三姑泉域内的煤矿较多。从采煤对水循环的影响来看，部分煤矿位于岩溶大泉泉域保护区范围内，采煤对泉水补给及水质造成显著影响。

调研煤矿情况见表2.5和表2.6。

表 2.5　调研煤矿(矿区)基本情况表

煤田	矿区	兼并重组煤矿				调研煤矿				调研煤矿生产能力占比/%
		煤矿数量/座	生产能力/(万 t/a)	占用资源储量/万 t	保有资源储量/万 t	煤矿数量/座	生产能力/(万 t/a)	占用资源储量/万 t	保有资源储量/万 t	
河东煤田	合计	158	20190	2281278	1917392	31	4485	539930	499649	22.2
	河保偏	25	5020	675886	608681	3	760	129055	123688	15.1
	离柳	80	10035	1057343	831555	3	480	31222	27811	4.8
	石隰	3	210	7772	7584	1	90	4191	4171	42.9
	乡宁	50	4925	540278	469573	24	3155	375462	343979	64.1
大同煤田	大同矿区	120	15595	2363532	1942126	4	780	583926	566152	5.0

续表

煤田	矿区	兼并重组煤矿				调研煤矿				调研煤矿生产能力占比/%
		煤矿数量/座	生产能力/(万 t/a)	占用资源储量/万 t	保有资源储量/万 t	煤矿数量/座	生产能力/(万 t/a)	占用资源储量/万 t	保有资源储量/万 t	
宁武煤田	合计	105	21621	3430056	3186559	5.0	6440	1811918	1720954	29.8
	平朔	37	13370	2150038	1977523	2	5000	1351538	1262357	37.4
	朔南	1	1200	436700	435767	1	1200	436700	435767	100.0
	轩岗	44	4506	528700	497618	1	120	15032	14212	2.7
	岚县	23	2545	314618	275651	1	120	8648	8618	4.7
西山煤田	太原西山煤矿	65	7916	1146278	1000003	4	1051	337464	302366	13.3
沁水煤田	合计	421	50631	4742016	3984281	81	11435	1196058	958728	22.6
	东山	14	1080	105476	92946	1	150	36112	36071	13.9
	阳泉	112	14335	1456806	1212415	6	860	74566	43572	6.0
	武夏	35	4010	286808	255348	2	240	26643	25477	6.0
	潞安	60	9840	903197	778445	3	940	130778	126236	9.6
	晋城	153	16861	1721844	1402073	56	8105	880307	687948	48.1
	霍东	47	4505	267885	243053	13	1140	47651	39424	25.3
霍西煤田	合计	170	16674	1617416	1423273	49.0	5671	491762	420880	34.0
	汾西	93	9287	978679	884092	5	690	48918	44796	7.4
	霍州	77	7387	638737	539181	44	4981	442844	376084	67.4
其他煤产地	平陆煤产地煤炭	6	375	11156	9659	5	330	9290	8163	88.0
	垣曲煤产地	1	30	742	742	1	30	742	742	100.0
	广灵、浑源煤产地	5	600	45916	32116					
	五台煤产地	2	360	8453	7408					
合计		1053	133992	15646843	13503559	180	30222	4971090	4477635	22.6

表 2.6　　调研煤矿（生产能力）基本情况表

煤矿			煤矿生产能力划分/(万 t/a)								
			<60	60～90	90～120	120～150	150～200	200～300	300～400	400～1000	≥1000
全部煤矿	煤矿数量/座	1053	156	200	360	205	46	21	34	33	7
	煤矿生产能力/(万 t/a)	133992	5515	12206	30031	22610	12325	8610	13295	14080	15320
调研煤矿	煤矿数量/座	180	14	30	52	41	12	9	11	7	4
	煤矿生产能力/(万 t/a)	30222	561	1820	4681	5120	1890	2100	3390	2750	7910
调研煤矿生产能力占比/%		22.6	10.2	14.9	15.6	22.6	15.3	24.4	25.5	19.5	51.6

2.2.3 调研结果汇总分析

根据调研结果（表 2.7），调研煤矿矿井涌水量为 8260.5 万 m^3/a，老窑水积水量 487.4 万 m^3/a；按生产能力折算，调研煤矿单位生产能力矿井涌水量为 0.27m^3/t，其中较高的是霍西煤田、沁水煤田、大同煤田；采空区面积越大的煤田，相对应的采空区积水量也越多，特别是沁水煤田。大部分煤矿的矿井涌水量为 1 万～50 万 m^3/a，超过 100 万 m^3/a 的矿井相对较少；相似水文地质条件下，吨煤排水系数与煤产量呈负相关特点，多为幂指数关系。

表 2.7　　煤矿矿井涌水和老窑水调研结果

煤田	调研煤矿情况		矿井涌水量/(万 m^3/a)	老窑水	
	数量/座	生产能力/(万 t/a)		采空区面积/万 m^2	积水量/(万 m^3/a)
大同煤田	4	780	219.0	47.8	9.5
宁武煤田	5	6440	259.2	9.9	6.6
河东煤田	31	4485	458.7	169.7	89.9
西山煤田	4	1051	34.4	169.2	47.4
霍西煤田	49	5671	3517.4	103.5	52.3
沁水煤田	81	11435	3771.9	240.9	281.8
其他煤产地	6	360	—	—	—
合计	180	30222	8260.5	740.9	487.4

依据调研结果进行统计推算，全省煤矿矿井涌水量约为 4.99 亿 m^3/a，占全省地下水资源量的 5.8%；若考虑对地下水的扰动影响量，则比例更大。

2.2.4 煤矿矿坑水水质特征

2.2.4.1 煤系地层地下水水质特征

从全省各煤田勘探和生产资料研究表明：煤系地层地下水的化学类型多为

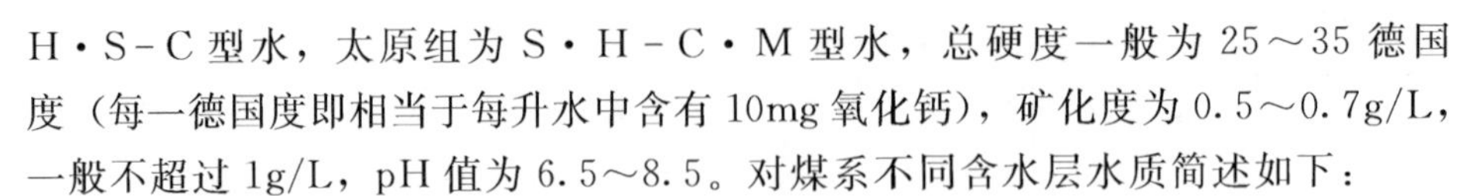

H・S－C 型水，太原组为 S・H－C・M 型水，总硬度一般为 25～35 德国度（每一德国度即相当于每升水中含有 10mg 氧化钙），矿化度为 0.5～0.7g/L，一般不超过 1g/L，pH 值为 6.5～8.5。对煤系不同含水层水质简述如下：

（1）煤系上覆地层砂岩裂隙水。主要为砂岩裂隙水，水质一般为 H・S－C・M 型水，矿化度一般小于 1g/L，总硬度为 10～20 德国度，其他各项离子和有毒元素含量低，一般不超标，但局部矿区有超标现象，主要与岩石成分有关，其本底值高，如氟化物超标。

（2）煤系地层砂岩裂隙水。水质为 H・S－C・M 型水，矿化度一般为 0.5g/L，最大不超过 1g/L，有毒元素一般含量很少。

（3）煤系灰岩裂隙岩溶水。主要为太原组 4 层石灰岩裂隙含水层，水质为 H・S－C・M，局部为 H－N・C 型水，矿化度比山西组略高，一般为 0.5～0.8g/L，最大不超过 1g/L，各类离子含量低，局部 K_2 灰岩 SO_4^{2-} 含量高，有毒元素很少。

2.2.4.2　矿井水水质特征

矿井水的水质特征是进入矿井的各种水源的水质的综合表现，并且经过矿井中各种人为作用改造的结果，但又不是各充水水源水质的简单组合。

（1）煤矿开采后地下水化学场的变化。在煤矿开采过程中，矿区的地下水流场和水化学场均会发生改变。水化学场的改变通常是受流场的改变所制约。水化学场的改变可以表现在以下几个主要方面：

1）含水层水力联系的改变使得各相对独立的水化学场之间的联系增强。矿山开采过程中大量疏排地下水，使得直接充水含水层的水位大幅度下降。矿山开采时，直接充水含水层常常不止一个，特别是在多煤层、多含水层矿区，通常有多个直接充水含水层，它们都向矿井充水，矿井水的化学成分实际上是这些直接充水含水层中地下水混合而形成，取决于这些含水层各自的水量、水质和补给条件。同时，直接充水含水层水位的大幅度下降，引起其补给来源和补给量的改变，与其他含水层（或含水体）的水力联系增强，水化学场之间的联系也增强了。

2）氧化-还原环境等的改变。地下水流入矿井，压力、温度、氧化-还原电位等均要发生相应的变化。煤系地层中常含有较多的硫化矿物，但一般均分布在煤层和相对隔水层之中。在自然状态下，深部地下水含氧量甚少，而且硫化物与地下水接触机会也少，不易氧化。在煤矿开采以后，一方面煤层顶部产生冒裂带，底板岩层也会遭到不同程度的破坏形成裂隙，形成了导水通道，也使地下水与这些围岩中所含的硫化矿物有了广泛的接触；另一方面矿井的通风也提供了较丰富的氧气，使硫化物产生氧化，因而矿井中 SO_4^{2-} 含量和硬度均较天然状态下地下水增高。在矿井水的硬度和 SO_4^{2-} 含量增加的同时，其他一

些金属阳离子成分也有增加的趋势。

3）采矿活动造成的水质变差。含水层中的地下水进入矿井以后，如不采取预防措施，其水质将受到各种采矿活动的污染，这种矿井水不宜作为生活用水，如果未经处理直接排放则可能引起地表水体和其他含水层水质污染。

矿区地层的岩性、含水性及其组合关系，含水层的补给、径流和排泄条件决定着含水层同矿井充水的关系，同时也决定着在煤矿开采后含水层间、地下水与地表水体间的水力联系程度，是控制矿区地下水化学场变化的主导因素。矿井的直接充水含水层的水化学特征常是形成矿井水化学成分的最主要条件，特别是其中主要的直接充水含水层的地下水的水化学特征更为重要。此外，那些虽然较小，但水质特殊的直接充水含水层也对矿井水的化学成分的形成有重要作用。矿井的间接充水含水层是直接充水含水层的补给水源，它决定着矿井涌水量的变化趋势，同时，也决定着水化学特征的变化趋势。

（2）矿井水类型。矿井水本身的水质主要受当地地层年代，地质构造，各种煤系伴生矿物成分，所在地区的环境条件等因素的影响。当矿井水流经采煤工作面时，将带入大量的煤粉、岩粉等悬浮物，并受到井下生产活动等影响，矿井水往往含有较多的细菌；开采高硫煤层时，受煤层及围岩中硫铁矿的氧化作用影响，矿井水呈现酸性和高铁性等，所以不同煤矿的矿井水的水质有很大差异。根据矿井水含污染源的特性，一般可将其划分为：洁净矿井水、含悬浮物矿井水、高矿化度矿井水、酸性矿井水、碱性矿井水及含特殊污染物矿井水。

1）洁净矿井水。此类矿井水水质较好，酸碱度呈中性，低矿化度，不含有毒、有害离子，低浊度，有的还含有多种有益微量元素。通过井下单独布置管道将其排出，经过消毒处理后，即可作为生活饮用水。

2）含悬浮物矿井水。此类矿井水是指除悬浮物、细菌及感观性状指标外，其他理化指标不超过生活饮用水卫生标准的矿井水。

主要污染物来自矿井水流经采掘工作面时带入的煤粒、煤粉、岩粒、岩粉等悬浮物（SS）。因此，这种矿井水多呈灰黑色，并有一定的异味，浑浊度也比较高，酸碱度呈中性，含盐量小于1000mg/L，金属离子含量微量或未检出，不含有毒离子。

含悬浮物矿井水的另一水质特征是细菌含量较多，主要来自井下工人的生活、生产活动。

3）高矿化度矿井水。此类矿井水是指溶解性总固形物高于1000mg/L的矿井水，其往往还含有较高的悬浮物、细菌，感观性状指标一般也不能达到生活饮用水标准。

4）酸性矿井水。此类矿井水是指pH值小于6.0的矿井水。除呈酸性外，

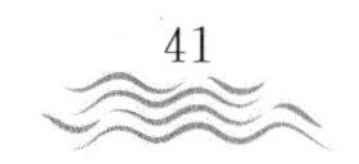

还含有较高的铁、悬浮物、细菌等。

在煤层的形成过程中，由于受到还原的作用，使煤层及其围岩中含有硫铁矿（FeS_2）等还原态的硫化物。煤炭的开采破坏了煤层原有的还原环境，提供了氧化这些还原态硫化物所必需的氧。地下水的渗出并与残留煤、顶、底板的接触，促使煤层或者顶底板中的还原态硫化物氧化成硫酸，使矿井水呈酸性。

因其pH值低、酸度大，一方面对矿坑排水设备、钢轨及其他机电设备具有很强的腐蚀性；另一方面更直接危害矿工的安全，长期接触酸性水可使手脚皮肤破裂、眼睛疼痒，严重影响了井下采煤生产。

5）碱性矿井水。此类矿井水是指pH值大于9.0的矿井水，其中往往含有较高的总固形物及悬浮物。

6）含特殊污染物矿井水。此类矿井水包括含氟矿井水、含重金属矿井水及含放射性元素矿井水等。

2.2.4.3　不同开采阶段矿井水水质的变化

如同矿井涌水量的变化，同一煤矿矿坑排水的水化学特征也是在不断变化的。一方面是由于不同煤层或同一煤层的不同开采水平的充水条件不同，充水水源也就不同，在不同的开采阶段矿井水的水化学类型也是在不断变化的，这种变化是阶段性的；另一方面，雨季降水补给的增加和由于突水事故或短时间集中疏排老窑、老空积水等也会急剧改变矿井水水化学特征，但这种变化大多是短时间的。

2.2.4.4　老窑水化学特征

老窑积水长期贮存在处于封闭状态的井下，水循环交替缓慢，逐渐形成了一种不同于一般矿井涌水的，具有特殊化学成分的老窑水。老窑水的化学成分很复杂，它取决于老窑水的补给、排泄条件、老窑的深度，老窑所开采煤层的煤质及顶、底板岩性和气候条件等。

（1）老窑水的氧化条件不同，黄铁矿氧化的结果也不同。

1）在强烈氧化条件下，老窑围岩中有碳酸盐岩存在时，黄铁矿氧化而形成的硫酸将被中和，硫酸被碳酸盐岩中和后，水中pH值增高，二价铁继续氧化为三价铁后，即形成氢氧化铁沉淀。在这种条件下形成的老窑水多为S－C·M型水，反应所产生的CO_2将进一步促使碳酸盐形成重碳酸盐而溶解，从而也增加了重碳酸根离子的含量。

2）老窑围岩中无碳酸盐岩类时，在强烈的氧化条件下，二价铁将氧化为三价铁。由于黄铁矿氧化后形成的硫酸不能得到中和，因而pH值降低，常形成既含有Fe^{2+}，又含有Fe^{3+}的酸性水，老窑中黄铁矿的含量越高，pH值往往越低。

3）如果老窑水中含氧不多，氧气得不到足够补充，那么黄铁矿形成$FeSO_4$

后氧化作用不再继续，所形成的游离硫酸与碳酸盐岩中和后，形成 Ca^{2+}、Mg^{2+} 及 SO_4^{2-}，同时 CO_2 与碳酸盐岩作用生成易溶的重碳酸钙、重碳酸镁，此时，老窑中将形成 S·H－C·M 型水。老窑围岩中碳酸盐岩缺乏时，则会形成酸性水，同时含有 Fe^{2+}。

（2）老窑水的补给、排泄条件不同，水质也不同。老窑水通常主要是靠大气降水补给，少数的老窑可能得到地表水的补给。大气降水和地表水通过回采裂隙而进入老窑，滞留在老窑中，而以老窑泉水、渗入生产矿井或者其他含水层进行排泄。

1）在排泄不良或缺乏排泄条件的情况下，老窑水交替极为微弱。在老窑的围岩中，如果既富含黄铁矿，又含碳酸盐岩类，则形成高矿化度的 S－C·M 型水。如果老窑的围岩完全是碎屑岩，缺少碳酸盐岩时，则形成高矿化度的、富含铁离子的强酸性水，pH 值可低达 2～4。

2）在老窑水排泄条件较好的情况下，水可以较快地交替循环，其结果可以使其矿化度降低或者 pH 值增高。除了形成硫酸型水外，还可以形成硫酸重碳酸型水。如果老窑开采深度较大，老窑水在地势低洼处，主要以泉水的形式排泄时，则在雨季老窑浅部地下水将受大气降水的淡化而增强交替循环，深部的交替循环较弱，可以形成老窑水自浅而深的水质分带现象。

（3）黄铁矿的氧化速度影响到酸性水形成所需要的时间。黄铁矿的氧化速度受温度条件控制，其过程从数天至数月，温度越高越有利。

2.3 矿坑排水监测计量与收费现状

2.3.1 煤矿矿坑水排水系统

（1）排水处理流程类似，回用与外排差异较大。煤矿的排水系统基本类似，排水采用二级排水系统。在副斜井底部设置井底中央水泵房，在轨道大巷底部设置采区水泵房，采区水泵房将采区涌水通过铺设在轨道大巷的排水管排至井底主水仓，井底中央水泵房将矿井涌水通过铺设在副斜井井筒内的排水管路排至地面的矿井水处理站。一般情况下，中央水仓位于主斜井底，由主、副仓组成，水泵房设有 2 个出口，1 个出口用斜巷（即管子道）通至主斜井；另 1 个出口通过水泵房通道通往井底车场，在水泵房通往井底车场的通道中，设置了易于关闭的既能防水又能防火的密闭门。主排水泵房内配置有 3 台离心式水泵，每台水泵配 1 台隔爆电动机，矿井正常涌水量时和最大涌水量时，水泵均为 1 台工作、1 台备用、1 台检修。排水管路选用 2 趟无缝钢管，正常涌水量和最大涌水量时均为 1 趟工作、1 趟备用。管路在泵房内采用法兰连接，在巷道中采用柔性管接头连接。

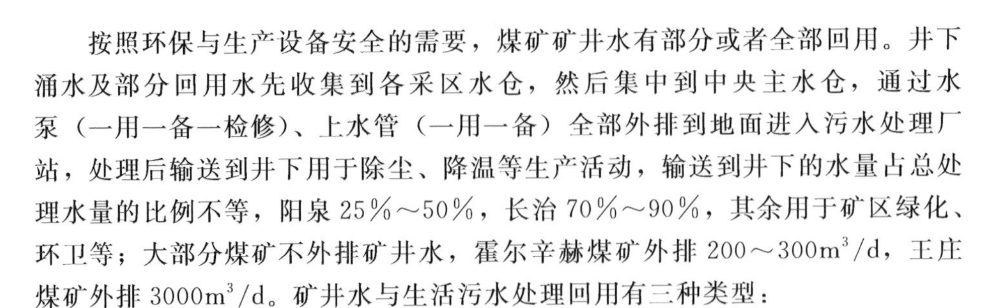

按照环保与生产设备安全的需要，煤矿矿井水有部分或者全部回用。井下涌水及部分回用水先收集到各采区水仓，然后集中到中央主水仓，通过水泵（一用一备一检修）、上水管（一用一备）全部外排到地面进入污水处理厂站，处理后输送到井下用于除尘、降温等生产活动，输送到井下的水量占总处理水量的比例不等，阳泉25%～50%，长治70%～90%，其余用于矿区绿化、环卫等；大部分煤矿不外排矿井水，霍尔辛赫煤矿外排200～300m^3/d，王庄煤矿外排3000m^3/d。矿井水与生活污水处理回用有三种类型：

类型一：生活污水与矿井水独立处理、独立使用，如盂县东坪、石店、跃进煤矿，矿井水由煤矿自己处理，生活污水由市政统一处理。

类型二：生活污水与矿井水独立处理、混合使用，如平定汇能，沁源马军峪，长治司马、王庄，长子霍尔辛赫煤矿。其中长治司马、王庄，长子霍尔辛赫煤矿生活污水不外排，全部回用。

类型三：生活污水与矿井水两套系统处理，混合使用，如阳泉南庄、武乡东庄煤矿，东庄煤矿有极少量排水，南庄煤矿不外排。

（2）矿井水与生活污水处理工艺流程。环保部门对煤矿污水处理，包括矿坑排水处理和生活污水处理提出要求，要求各矿均建有污水处理厂，排水水质按照《煤炭工业污染物排放标准》（GB 20426—2006）中采煤废水污染物排放限值外排水中pH值、SS、COD_{Cr}和石油类地表Ⅲ类水水质标准控制。

矿井水一般采用“调节预沉+混凝+沉淀+过滤+消毒”工艺处理。矿井井下排水首先进入调节水池，再用泵提升进入一体化净水器，同时加药助凝，出水经消毒后回用。产生的污泥排入污泥浓缩池，经重力浓缩后在站内进行压滤处理，滤后泥饼外运，污泥池上层清液及压滤出水排入调节水池。

1）青云煤矿。矿井水排至井底水仓，由主排水泵将矿坑排水沿副立井敷设的排水管路排至地面矿井水处理站进行处理。目前矿坑水处理站已经建成两套处理能力为30m^3/h矿井水处理设备，总处理能力60m^3/h（1440m^3/d），采用调节、混凝、沉淀、消毒等工艺处理达到《煤炭工业污染物排放标准》（GB 20426—2006）要求后回用于项目生产用水，多余矿坑水达到《地表水环境质量标准》Ⅲ类水水质标准后排入丁铃沟。

按青云煤矿生产能力90万t/a，矿井水排放量为628.77m^3/d，矿坑水收集与处理损失按10%计，则矿坑水可利用量为565.89m^3/d。青云煤矿预测开采2号、5号煤层的矿井水排放量可达到22.95万m^3/a（628.77m^3/d）。矿井主排水设备选用MD280-93×8型多级离心泵三台，每台水泵配套隔爆型电动机（10kV、1000kW、2980r/min），电机效率95.0%，排水管路选用ϕ219×14无缝钢管，沿副立井井筒敷设，见图2.3和图2.4。

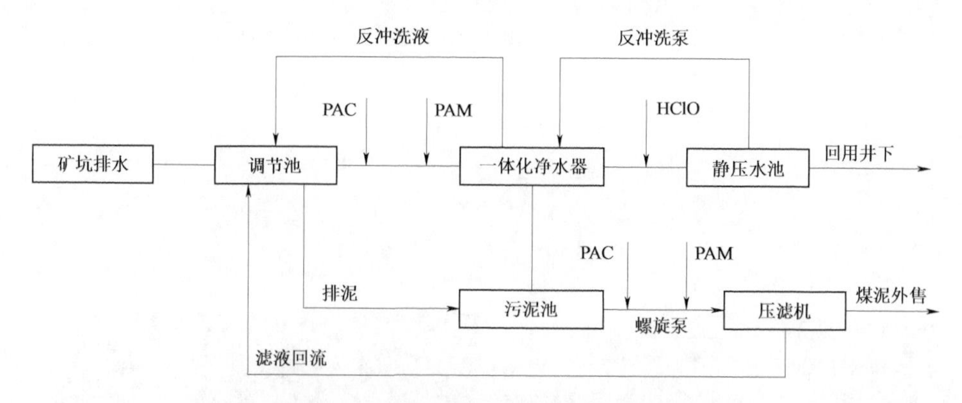

图 2.3 青云煤矿矿井水处理工艺流程

PAC—聚合氯化铝；PAM—聚丙烯酰胺；HClO—次氯酸

图 2.4 青云煤矿矿井水处理站实景图

2）牛山煤业。该矿建有独立完善的排水系统，矿坑涌水采用分级排水的方法。矿坑各处涌水集中排至井下主要水仓后，再排至地面的井下水处理站，然后排出矿区。主要水仓设于副斜井井底车场附近，主、副水仓有效容积为 $600m^3$、$400m^3$。主水泵房安装有 3 台矿用多级离心水泵，三趟专用排水管路，经处理达到复用水标准后，回用于井下消防洒水、地面生产、地面绿化及降尘用水，剩余矿坑水或用于当地农业灌溉、或达标排放。

牛山煤业合理取水量为 $899.7m^3/d$（合 30.3 万 m^3/a），其中生产取水量 $735m^3/d$（合 24.3 万 m^3/a，按年生产 330d 计），充分利用处理后矿坑排水作为原煤生产供水水源，利于废污水资源化，缓解环境污染。

矿坑排水退水系统：牛山煤业矿坑水从井下排至矿井水处理站调节池后，经污水提升泵进入一体化净水器，通过混凝、沉淀、过滤处理后进入清水池，经过加药消毒，一部分回用于井下采煤和地面生产，一部分排出矿区或用于农业灌溉或达标排放，见图 2.5 和图 2.6。

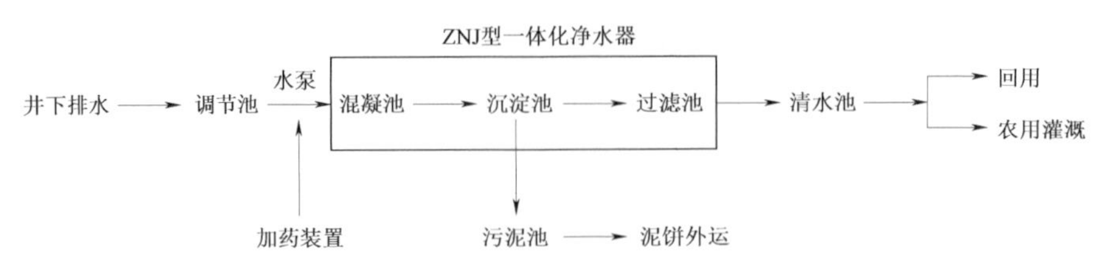

图 2.5　牛山矿井水处理工艺流程图

(a) 外景

(b) 内景之一

(c) 内景之二

(d) 内景之三

图 2.6　牛山矿井水处理站

2.3.2　矿坑排水设施现状

矿坑排水设施设有水泵房，水泵房有两个出口，一个应用斜巷连接到井筒，另一个连接到井底车场。主排水泵房均设有主副两个水仓，以便一个水仓清理时，另一个水仓能正常工作。大多排水主水泵为 3 台，每台水泵配 1 台隔爆电动机，一备一用一检修，另一小部分为 4 台或 5 台。中央泵房排水管路大多数采用两趟无缝钢管，一趟工作一趟备用，两趟排水管路经管子道沿副斜井

排至地面工业场地井下水处理站调节水池以及监测仪表。排水有扬升式、自流式、间歇排水及泵排多种方式。

如山西平遥峰岩煤焦集团二亩沟煤业有限公司兼并重组整合矿井副斜井井底设主排水泵房，水泵房底板标高为960.50m，水泵房两个出口，一个应用斜巷连接到井筒，斜巷在井筒出口最少高出水泵房底板7m；另一个连接到井底车场，矿井两趟排水管路经管子道沿副斜井排至地面工业场地井下水处理站调节水池，正常排水时，一趟工作、一趟备用。

2.3.3 矿坑排水监测计量设备

山西省经过资源整合，煤矿基本都建有污水处理站，污水处理站都有计量设施，计量设备有电磁流量计、机械式水表、电子流量计、超声波流量传感器、流量仪等多种，因此计量方式也有多种，如抄表、远程监控、在线计算、机械计量。从计量设备看，可选品牌与型号较多。

如山西岚县昌恒煤焦有限公司有矿井水处理厂，与生活污水分开处理。矿井水有监测，基本上实现了全部回用，只有停产期间才有外排水矿井水井下有监测（超声波流量计，使用良好），井上无监测计量，有自动监控室。

调研的部分矿坑排水监测计量情况见表2.8。

表2.8　部分矿坑排水监测计量情况

煤矿名称	主排水泵型号	主排水泵数量/台	水仓容积/m^3	正常涌水量/(m^3/h)	最高涌水量/(m^3/h)	计量方式	排水方式
煤矿1	MD155－30×8	3	主：700 副：300	40	70	抄表	泵排及管道
煤矿2	150D型4DA－8×9 MD360－40×5	7	主：1000 副：800	47	69.7	远程监控	自流
煤矿3	MD280－43×5	3	主：1400 副：1500	60	70	水表	扬升式
煤矿4	MD280－43×8 MD450－60×8	5	主：2400 副：1900	192	205	远程计量	自流式
煤矿5	200D－43×4 MD280－43×5	3	主、2000 副：1000	156	245.05	远程计量	间歇
煤矿6	MD85－45×5	3	主：500 副：400	16	42	抄表计量	扬升式排水
煤矿7	MD450－60×6	3	主；1300 副：780	255	300	水表	自流式排水

续表

煤矿名称	主排水泵型号	主排水泵数量/台	水仓容积/m^3	正常涌水量/(m^3/h)	最高涌水量/(m^3/h)	计量方式	排水方式
煤矿 8	MD85－45×6	3	主：500 副：500	48	123	水表	扬升式
煤矿 9	MD85－45×7	3	主：1500 副：1200	23	68	水表	扬升式
煤矿 10	MD280－47×3	3	主：1409 副：1107	25	60	水表	自流式排水
煤矿 11	MD85－45	3	主：820 副：450	24.1	42.1	水表	扬升式
煤矿 12	MD280－43×7	4	主：1100 副：700	117	187.5	抄表计量	水泵
煤矿 13	BQ280－34014－400/W－S	3	主：812 副：447	13.6	15.7	秒表	水泵抽水
煤矿 14	MD280－43×4	3	主：1750 副：1710	64.34	85.92	在线计量	扬升式排水
煤矿 15	MD280－43×5	3	主：2000 副：1500	92.8	137	在线计量	扬升式
煤矿 16	MD280－43×4	4	主：1200 副：800	220	250	在线计量	自流式排水
煤矿 17	MD155－30×7	3	主：500 副：300	12	25	机械计量	扬升式排水
煤矿 18	MD155－30×7	3	主：800 副：500	74.4	84.5	远程监控	扬升式排水
煤矿 19	MD85－45×3	3	主：500 副：300	26.6	39.4	机械计量	扬升式排水
煤矿 20	MD85－45×5	3	主：800 副：500	13.1	19.89	在线计量	扬升式排水
煤矿 21	MD85－45×5	3	主：800 副：500	13.1	19.89	在线计量	扬升式排水
煤矿 22	MD－115－30×5－110	3	主：1000 副：600	7.5	25	抄表计量	扬升式
煤矿 23	MD85－45×6	3	主：620 副：400	12.5	20	抄表计量	扬升式排水
煤矿 24	D155－30×4 D155－30×6	3	主：1000 副：600	40	85	在线计量	扬升式排水

续表

煤矿名称	主排水泵型号	主排水泵数量/台	水仓容积/m^3	正常涌水量/(m^3/h)	最高涌水量/(m^3/h)	计量方式	排水方式
煤矿 25	MD500－85×2	5	主：3000 副：3000	20～25	25	机械计量	扬升式
煤矿 26	MD46－50×12	3	主：300 副：200	10	16.4	在线计算	扬升式
煤矿 27	MP200－50×6	3	主：800 副：600	50	70	远程监控	扬升式排水
煤矿 28	MD155－30×6	3	主：900 副：458	18.75	22.5	排水时间	扬升式排水
煤矿 29	MD25/30×9	3	主：110 副：90	6.4	8.5	机械计量	扬升式排水
煤矿 30	M0155－30×9	3	主：900 副：500	20	45	抄表计量	扬升式排水
煤矿 31	MD155－67×7	3	主：400 副：350	20	90	排水时间	扬升式排水
煤矿 32	MD155－67×7	3	主：800 副：700	2.7	14.48	抄表计量	扬升式排水
煤矿 33	MD155－30×8	3	主：700 副：300	40	70	抄表	泵排及管道

2.3.4 矿坑排水水资源费征收现状

2002年《水法》颁布实施后开始征收水资源费，作为一项重要的政府非税收入，已在全国全面开征。《水法》第四十八条规定，“直接从江河、湖泊或者地下取用水资源的单位和个人，应当按照国家取水许可制度和水资源有偿使用制度的规定，向水行政主管部门或者流域管理机构申请领取取水许可证，并缴纳水资源费，取得取水权。”《水法》明确将征收水资源费纳入了法律范畴，使水资源费征收有了明确的法律依据。

因煤炭开采企业为主的采矿排水点多面广，大多数企业未安装计量设施，或虽已安装计量设施，但计量不准确，水资源费不能足额征收，欠缴、漏缴、拒缴现象严重，并且极易滋生腐败现象。因此，按照排水量计征水资源费不能全面反映采矿对水资源的影响和破坏程度。鉴于上述情况，为确保采矿排水水资源费依法、全面、足额征收，2009年9月1日，山西省物价局、财政厅、水利厅发布了《关于采矿排水水资源费征收事项的补充通知》（晋价商字〔2009〕200号），通知要求自即日起全省采矿企业的采矿排水水资源费统一暂按每吨原煤或原矿 3.00 元计征水资源费。同时，要求水行政主管部门应监督、协助采矿排水企业尽快安装排水计量设施，积极为采矿排水水资源费按排水量计征创造条件。

2011 年 4 月 8 日，山西省人民政府办公厅下发《关于地税部门代征采矿排水水资源费的通知》（晋政办发〔2011〕25 号），规定“从 2011 年 1 月 1 日起，山西省行政区域内各类企业采矿排水水资源费的征缴工作委托各级地税机关代为征收。”征收范围包括内从事煤炭及铁、铜、金、铝矾土、高岭土、石英石及其他矿产等其他矿产资源开采的单位和个人（含中央驻晋企业）。水资源费按实际开采量（含自产自用和连续加工部分），每吨原煤或原矿按 3.00 元计征［省物价局、省财政厅、省水利厅《关于采矿排水水资源费征收事项的补充通知》（晋价商字〔2009〕200 号）］。实行按月征收，由缴费单位和个人在申报纳税时一并申报缴费，缴费期限同资源税的缴纳期限。因特殊困难不能按期缴纳的，可在规定征期内向当地地税机关申请缓缴，缓缴期限一般不得超过 90 天。

2017 年 12 月水资源费改税之后，规定“疏干排水单位和个人（包括井工矿和露天矿），未按规定安装取用水计量设施或者计量设施不能准确计量取用水量的，按照吨矿产品排水 2.48m^3 折算排水量，在开采环节由主管税务机关依此计征水资源税。”

水资源费的征收，经历了一个从无到有、不断完善的过程。特别是在煤炭行业，对产量以及取水、用水、水资源的合理配置与使用、保护起到了相当的作用。通过对 180 座煤矿的实地调研和资料汇总情况来看，核定生产能力较大、煤炭开采量较大的煤矿企业，所缴纳的水资源费用越高。调研的部分煤矿缴纳水资源费情况见表 2.9。

表 2.9　　部分煤矿缴纳水资源费情况一览表

煤矿名称	核定生产能力 /(万 t/a)	煤矿开采量 /万 t	缴纳水资源费 /万元
煤矿 1	120	85.71	163.36
煤矿 2	120	78.41	118.49
煤矿 3	90	56.76	142.34
煤矿 4	120	98.05	294.15
煤矿 5	210	297.86	894.61
煤矿 6	120	2.49	7.48
煤矿 7	120	39.29	117.88
煤矿 8	120	39.29	117.88

续表

煤矿名称	核定生产能力/(万 t/a)	煤矿开采量/万 t	缴纳水资源费/万元
煤矿 9	300	39.29	117.88
煤矿 10	300	234.22	702.65
煤矿 11	60	41.12	123.35
煤矿 12	60	39.29	117.88
煤矿 13	90	2.49	7.48
煤矿 14	90	39.29	117.88
煤矿 15	90	39.29	117.88
煤矿 16	2000	1365.40	99.00
煤矿 17	120	16.25	6.99
煤矿 18	120	55.29	82.43
煤矿 19	150	93.42	37.44
煤矿 20	60	16.25	6.99
煤矿 21	60	16.25	6.99
煤矿 22	60	72.55	5.01
煤矿 23	90	105.97	317.92
煤矿 24	90	105.97	317.92
煤矿 25	90	105.97	317.92
煤矿 26	90	76.36	6.10
煤矿 27	90	63.60	75.92
煤矿 28	21	5.53	16.59
煤矿 29	90	142.39	427.18
煤矿 30	90	73.06	219.18
煤矿 31	210	203.76	576.17
煤矿 32	120	182.77	548.32
煤矿 33	300	308.38	925.13

2.3.5　矿坑水监测计量和处理回用的主要问题

（1）矿坑水监测及计量体系不完善。不同地区煤炭埋藏条件不同，水文地质条件也有差异，新煤矿、老煤矿、报废煤矿等不同生命周期内的煤水作用关系也变化很大，不同区域煤炭开采对地下水的影响强度及矿坑排水的水量和水质存在较大差异。监测和计量是矿坑水综合治理的基本前提，但是目前尚未完全形成有效的矿坑水水量以及水质监测体系。

（2）缺乏系统的矿坑水处理及利用方案。处理和利用是矿坑水综合治理的核心手段，但是不同类型矿坑水的主要污染物各有不同，尚未形成完善的处理技术和排放标准；在矿坑水利用方面，仍需制订系统性和全局性解决方案，将矿坑水纳入区域水资源配置体系，变害为利。

（3）地下水保护及补偿措施不全面。当前相关政策已经规定采矿排水的水资源费应按照排水量计征，但是由于计量设施不完善、补偿标准不精细，从近几年落实的情况看，基本上仍然是按照吨煤统一收取。保护和补偿是矿坑水综合治理的重要支撑，但是目前规定中没有体现矿坑排水的时空差异性，没有与排水量、影响和破坏量直接挂钩，影响了该政策的持续实施。

2.4　小结

本章介绍了山西省水资源及其开发利用、煤炭开采的基本情况、主要煤矿排水监测计量和水资源费征收现状的调研情况，并系统梳理和总结了存在的问题。主要认识包括以下几个方面：

（1）目前山西省多数煤矿在排水和用水方面达到较高水平，矿区水处理、利用和外排实现了全程闭路和仪表计量。

按照环保与生产设备安全的要求，各煤矿排水用水流程基本类似。井下涌水及部分回用水先收集到各采区水仓，然后集中到中央主水仓，通过水泵（一用一备一检修）、上水管（一用一备）全部外排到地面进入污水处理厂站，处理后输送到井下用于除尘、降温等生产，比例不等；外排要收排污费。

矿井水与生活污水处理回用有以下三种类型：

类型一：生活污水与矿井水独立处理、独立使用。

类型二：生活污水与矿井水独立处理、混合使用。

类型三：生活污水与矿井水两套系统处理、混合使用。

（2）矿井涌水量与排水量关系复杂，二者既有重复又有缺漏，难以准确、全面反映采煤对水资源的影响。

关于涌水量与排水量的关系，不同的煤矿反映的情况不同，有人认为涌水量相当于排水量，也有反映涌水量小于排水量，排水量中包含重复利用量，具体比例不好测算。在现阶段或当前技术水平条件下，往往使用排水量代替涌水量，但考虑到井下直接利用、重复利用等复杂情况，二者之间既有重复又有缺漏，无法准确、全面地反映不同煤矿、不同时期的采煤疏干水量，特别是在矿井施工期及闭矿后。因此，应加强采矿排水监测计量，同时应结合数值模型的

科学构建和综合模拟，合理分析确定采煤对水资源的影响。

（3）当前监测计量体系难以支撑采煤排水完整测算，井下水仓收集端、地面处理端、回用端与外排水出口等多点计量有待加强。

多数调查煤矿排水用水闭路运行，在污水处理厂入口、出口均可监测。目前，在入口、出口都有监测的煤矿，如跃进、南庄、马军峪、司马、王庄煤矿；也有在入口监测的煤矿，如霍尔辛赫煤矿。中央水仓有计量设施的煤矿，如霍尔辛赫煤矿、南庄煤矿（超声波流量计）。外排水都接入了环保部门统一监督的监控系统，自动监测水质、水量。考虑到监测设备的安全性，以及国家要求回收利用疏干排水从低征税原则，可考虑从污水处理厂入口、最终外排口分别计量，中间差额为回用量，这适用于矿井水与生活污水处理回用类型一与类型二。对于类型三，基本没有外排，相当于外排量为0，污水处理厂入口计量水量即为回用量，也适用于上述推算。

（4）当前水资源税（费）征收标准较为明确，但未充分考虑不同分区的水-煤状况以及煤矿不同时期特点。

一方面，采矿排水对地下水的影响极大，造成的地下水资源流失严重。矿坑疏干水来源和去向较为复杂，实际能够监测到的疏干水量或者外排水量，往往不是全部的采煤疏干水。另一方面，考虑与水资源税改革对接，坚持税费平移、不增加用水负担、回收利用疏干排水从低征税的原则，可以修正采矿排水水资源费征收标准。因此，应客观、全面地体现采煤疏干排水的补偿范围和补偿责任，在税费调整后，全省水资源费或水资源税征收总额不宜大幅波动；同时，也要充分考虑国家降税减负的大环境，具体税费标准应进一步开展科学系统的研究，通过综合分析，并结合利益相关方的协商，论证其可行性与合理性。

（5）采矿排水监测计量及水资税（费）征收的管理手段不足，煤矿配套规范取水许可与计划用水制度有待完善。

各地反映水利部门人员、经费、技术手段等均存在不足，无力审核各个煤矿的排水量，造成采矿排水监测计量及水资税（费）征收方面权责不明确、措施难落实。目前，发取水许可证主要从取用新鲜水的角度，核实取用水量。井下生产用水，把矿井水作为水源，纳入水源统一核算。但是，从水源角度，核算的是生产用水量或净使用量，不是排水量。为规范采矿排水水资源费征收，应当在取水许可证上注明采矿排水量。但是，采矿排水具有不确定性，实行计划用水，实行超计划或超定额从高征收水资源税有难度。为此，有两条措施可以选择，①执行统一规定，对煤矿取水许可证进行规范，重新换发证，严格实行计划用水，下达年度指标，实行超计划或超定额从高征收水资源税；②不执行统一规定，因为采矿排水具有特殊性、不确定性，实行计划用水不科学，这样就不需要重新换发取水许可证。具体措施需要进一步分析比选。

此外，矿井建设阶段排水量很大，这部分水未办理取水许可证，未收取水资源费，建议采矿排水从建矿开始就征收水资源费，或征收水资源影响消除保证金。

第3章　采煤对水资源的影响分析测算

3.1　采煤对水资源的破坏影响机理

山西省煤炭资源主要赋存于石炭系太原组和山西组，主要有石灰岩、砂岩含水层与砂质泥岩和泥岩隔水层，煤层、含水层、隔水层为交互沉积关系，同处于一个地质体中。在未受构造破坏的自然条件下，煤层也是主要的隔水层之一，各类岩层具有独立的沉积环境和成层规律，各含水层具有独立的水文地质特征和补径排关系。但煤层和含水层、隔水层受后期地质构造的影响，被断层切断成块状或褶皱挤压，又相互依存、相互联系，开采任何煤层都有可能影响上下含水层。从水量角度来说，采煤对水资源的影响量应为对地下水资源的破坏量以及对河川径流量的影响量。采煤对水质的影响主要是中高硫煤在开采和采后相当长的时间内形成的酸性矿井水（“老窑水”）。

1. 采煤对地下水资源的影响

采煤在采空区上方，自下至上形成冒落带、裂隙带和整体移动带，即“上三带”，其中冒落带和裂隙带统称为导水裂隙带。导水裂隙带导通了所达到的上覆各含水层，就会形成地下水导水通道，在地下水采煤影响范围内，导水裂隙带导通的各含水层地下水漏入井下，形成矿坑水。山西省除大同煤田和宁武、河东煤田北部以外，宁武、河东、西山、霍西和沁水煤田皆处于奥陶系岩溶大泉泉域，随煤矿开采深度增加，煤矿受底板灰岩岩溶水突水威胁严重，疏水降压对岩溶水流场和泉流量造成严重影响。

2. 采煤对河川径流量的影响

采煤对河川径流的影响从影响径流量角度主要包括煤矿开采疏干煤层上部孔隙水和裂隙水，导致河川基流量减少，随采空区范围的扩大，地面沉陷范围扩大，如果导水裂隙带最大高度到达地表水体底板时，造成河川径流量大量渗漏进入矿井，甚至发生突水事故，影响范围内地表径流急剧减少。如山西省大同煤矿主要分布在十里河和口泉河两岸，20世纪50—90年代，降水量变化不大，但河川径流量却减少了40%。

3. 煤矿酸性矿井水污染和环境影响

煤系地层中硫化矿物由于煤层开采产生裂隙而与空气和水接触发生氧化，产生含高浓度SO_4^{2-}、Fe^{2+}、Mg^{2+}、Ca^{2+}的酸性排水并进入矿坑水，如果矿坑水在井下停留时间过长，在酸性条件下更多的金属元素和微量元素进入矿坑水，从而使矿坑水的总硬度和矿化度进一步升高，形成俗称的“老窑水”。酸性矿坑水迁移到附近地表水和地下水体，会导致水体和土壤污染等各种环境问题。

4. 采煤对地质环境的影响

采煤对含水层结构造成了不同程度的破坏，改变了地下水天然循环条件和径流特征。采煤引发的冒落带及地面变形或开裂则直接改变了流域下垫面条件，破坏了流域环境地质条件，使地表产汇流条件不断改变，天然状态下的河川径流和地下水的水循环系统被破坏。

本书主要针对采煤对地下水储存量、排水量（煤矿生产期间的排水）和采后采空区的积水等能够直接测算的部分进行影响分析测算。采煤引起的含水层结构破坏、河川径流和地下水的水循环系统影响以及酸性排水造成的环境污染和生态破坏等，影响巨大但难以计量和测算。

3.1.1　采煤对裂隙、孔隙地下水的破坏

采煤前煤层上覆岩层处于应力平衡状态，采煤造成上覆岩层应力平衡状态被打破，自上而下依次发生变形、离散、破裂和垮落，在采空区上方，自下至上形成冒落带、裂隙带和整体移动带，其中冒落带和裂隙带统称为导水裂隙带。煤层开采后，如果导水裂隙带到达地表，就会使地表水与地下水连通。如果导水裂隙带不能到达地表，但导通了所达到的上覆各含水层，就会形成地下水导水通道，在地下水采煤影响范围内，导水裂隙带导通的各含水层地下水漏入井下，形成矿坑水，改变了地下水天然循环条件和径流特征，对各含水层造成不同程度的破坏。

无论煤矿是否带压开采，煤层上部裂隙含水层地下水均会成为采煤过程中的涌水。开采上组煤时，矿井充水水源含水层主要是山西组（P_1x）、下石盒子组（P_2s）的 K_4、K_5、K_6 砂岩含水层，属于承压裂隙含水层，富水程度与构造关系密切，断层、陷落柱、节理发育地段富水性相对较好。下组煤充水水源主要是 K_3 砂岩和太原组（C_3t）的 L_5-L_1 灰岩和 K_2 灰岩含水层。采煤形成导水裂隙带导通这些含水层后进入矿井的水量即为采煤对地下水静储量的破坏量，可根据含水层厚度、给水度以及井田面积估算。

(1) 庙沟-毛儿沟灰岩（L_1、L_2、L_3）。庙沟-毛儿沟灰岩（L_1、L_2、L_3）在山西南部合并为一层，中部为 2～3 层，下部 L_1 灰岩层位稳定，为下组煤的直接顶板。毛儿沟灰岩（L_2、L_3）位于 L_1 和其上部 L_5 石灰岩之间，层位稳定，结构复杂。L_1、L_2、L_3 石灰岩在北部发育较差，厚度为 0～2.5m，至偏关—宁武一线以北尖灭；中部及南部发育良好，厚度为 5～10m，最后达 15m。

(2) 斜道灰岩（L_4）。斜道灰岩（L_4）位于毛儿沟灰岩和七里沟砂岩之间，为 7 号煤直接顶板。岩性以深灰、灰黑色薄～中厚层状含生物碎屑石灰岩

为主，具泥晶结构。L_4 灰岩在山西北部发育较差，一般厚 0～2.5m，中部在 2.5～5m，西部柳林乡宁一带最厚达 10m。

(3) 东大窑灰岩 (L_5)。东大窑灰岩 (L_5) 位于七里沟砂岩和北岔沟砂岩之间，该灰岩在西山剖面为黑色砂质泥岩与含生物碎屑泥晶～微晶菱铁质岩护城。该层灰岩主要分布于 38°带以南和河津阳城一线以北，38°带以北变薄，直至尖灭或相变为海相泥岩。

(4) 北岔沟砂岩 (K_3)。北岔沟砂岩 (K_3) 为山西组与太原组之间的分界砂岩，岩性以灰、浅灰白色细粒石英砂岩、泥质中粗粒～巨粒岩屑石英砂岩为主。K_3 砂岩之上为全区普遍发育的上组煤。K_3 砂岩在北中部发育良好，层位稳定，厚度一般为 10～20m，最大 30m；南部发育差，相变明显。

3.1.2 采煤对岩溶含水层的影响

山西省在寒武、奥陶系碳酸盐岩之上沉积石炭系煤系地层，石炭系地层底部普遍沉积铝土质泥岩隔水层，一般条件下煤系地层地下水与岩溶地下水在垂直方向上的交换量有限。采煤对奥陶系岩溶地下水的影响与奥陶系岩溶地下水水位有关。采煤深度在奥陶系岩溶地下水水位之上时，对岩溶地下水的水量影响较小，但采煤矿坑水可能渗入岩溶地下水含水层，导致岩溶地下水水质的恶化；当采煤高程位于岩溶地下水水位之下时，即带压开采条件下，当底板有效隔水层厚度小于破坏厚度时，如果地下水水位高于煤层底板，则会发生矿井突水。

对于煤层底板突水，奥陶系灰岩（简称奥灰）含水层的富水性及带压程度决定突水水量的大小，奥灰水水位或者水压力是驱动地下水进入矿井的动力。根据《煤矿防治水规定》，用突水系数 T 反映矿井突水危险程度。以 $T=0.06$MPa/m 为临界值，$T<0.06$MPa/m 区域，带压开采相对安全，除构造薄弱部位外，一般不存在奥灰突水的必然性。$T\geqslant 0.06$MPa/m 区域，突水系数大于临界值，普遍存在奥灰突水危险，对于突水系数 $T\geqslant 0.06$MPa/m 的区域，应划为禁采区禁止开采。突水系数为底板隔水层承受压力除以隔水层厚度计算得到，底板隔水层承受压力为奥陶系灰岩水的水压减去煤层底板标高计算得到。

对于存在带压开采区的煤矿，奥灰水的疏水降压井往往涌水量较大。如某煤矿主斜井略低于奥陶系峰峰组顶部，靠近奥陶系灰岩西部露头区，属奥灰岩溶水补给径流区。井底标高 837.59m，该处奥灰顶面标高 870.13m，目前主斜井底附近峰峰组水位标高约 900.00m，底板带压约 0.65MPa。为了疏水降压保证主斜井底安全，于 1990 年在井底平巷内施工奥灰疏水孔 5 个，目前仍有 4 个孔在用，2014 年 3 月在原疏水降压孔附近新施工了 4 个疏水钻孔，所有疏水钻孔涌水量在 900m^3/h 左右。这部分排水量目前没有计入采煤对水资源的破坏量，是按照实际取水量计量征收的，按 3 元/m^3 征收。

3.1.3 矿井排水量的影响因素

矿井排水量的影响因素很多，主要包括自然和人为影响因素。

1. 自然因素

(1) 水文地质条件复杂程度。含水层厚度大，裂隙岩溶发育，含水性强，补给来源丰富，则矿井排水量大，反之则小。

(2) 地质构造特征。山西省各煤矿区大多存在断层，由于断层的力学性质不同，采煤时对地下水的影响也不同。一般来说，张性的正断层多为导水断层，导通了不同含水层地下水，采煤时对地下水资源破坏影响较大。压性断层多为逆断层，渗透性较差，往往起到隔水层的作用。

(3) 煤层埋深。煤层埋藏越浅，导水裂隙带越容易到达上覆含水层，造成矿井排水量也越大；煤层埋藏越深，导水裂隙带不易到达上覆含水层，采煤对上部含水层的影响破坏相对要小。

(4) 煤层厚度。煤层厚度往往影响导水裂隙带的发育高度。对同一煤层来说，煤层厚度越大，按经验公式计算的导水裂隙带高度越大，采煤对地下水影响程度也越大。

(5) 覆岩裂隙发育分布。覆岩裂隙发育强烈时，岩体裂隙率大，渗透系数也较大，采煤时对地下水影响破坏量也大。

(6) 含水层渗透性。采煤导水裂隙带导通的含水层渗透系数越大，对地下水影响破坏量也越大，反之则小。

(7) 隔水层性质。山西厚黄土覆盖区，第四系松散含水层下部往往存在一定厚度的黏土隔水层。当采煤导水裂隙带未触及黄土松散含水层及其底板隔水层时，隔水底板的厚度及渗透性往往直接影响到松散含水层地下水的变化。

(8) 降水量的影响。以往调查资料说明，矿井排水量与降水量对应关系明显。矿井开采初期降水量增大，排水量也增大。山西矿区每年雨季降水量大，矿井排水也增加，矿井开采煤层较浅时，这种相关关系更明显。

2. 人为因素

(1) 开采面积。随采煤面积的增大，含水层地下水的破坏在采煤各时期呈现不同的变化特征，但含水层地下水的破坏总量随开采面积的增大而增大。

(2) 采煤阶段。一般条件下，在采煤初期，含水层水位逐渐下降，地下水破坏量逐渐增大。在采煤的中、后期，地下水水位降落漏斗趋于稳定，地下水补给量与排泄量达到相对平衡。采煤开采后期，导水裂隙带被充填，入渗补给量减小，矿井排水量逐渐衰减。停采后，矿井排水减小或不排水，但采空区逐步积水经一定化学反应后形成“老窑水”，会产生水环境问题。

在矿井达产前的井田开拓和基建阶段，虽然没有煤炭生产，但此阶段破坏的

主要为含水层的地下水储量，含水层处于自然饱和状态，随对含水层破坏面积的增大，矿井逐步发生顶板冒落，导水裂隙带导通含水层，含水层地下水渗入矿井，矿井仍可能有很大的涌水量。如山西省 LFLQ 煤矿，该矿为新建煤矿，生产能力 500 万 t/a，保有储量 782.58Mt，设计可采储量 338.71Mt。批准开采 4 号、7 号、9 号煤，现状开采 4 号煤。矿区主要含水层包括山西组砂岩裂隙含水层、太原组石灰岩、砂岩裂隙含水层和奥陶系岩溶含水层。奥灰水顶板埋深 800m，4 号煤底板距奥灰水平均 136m，部分带压，最大突水系数 0.084MPa/m。

LFLQ 煤矿项目于 2009 年 7 月 1 日开工，经过 4 年多时间的建设，至 2013 年年底该矿井（含选煤厂）各系统已按批准的初步设计建成。经审核该项目已具备联合试运转条件，该项目于 2013 年 12 月 31 日进入联合试运转阶段，2014 年 1—12 月煤炭产量 332 万 t。工程运行了 12 个月后，现处于停产状态。

矿井现采用 5 台 MD450－60×8 型水泵排水，主水仓容积 $2653m^3$。据矿方矿井排水量计量监测资料，矿井 2012 年涌水量 105.06 万 m^3，2013 年涌水量 152.59 万 m^3，2014 年涌水量 181.35 万 m^3，2015 年涌水量 217.28 万 m^3，2016 年涌水量 219 万 m^3。2012—2016 年矿井排水量逐渐增大（图 3.1），合计矿井涌水量 875.28 万 m^3。

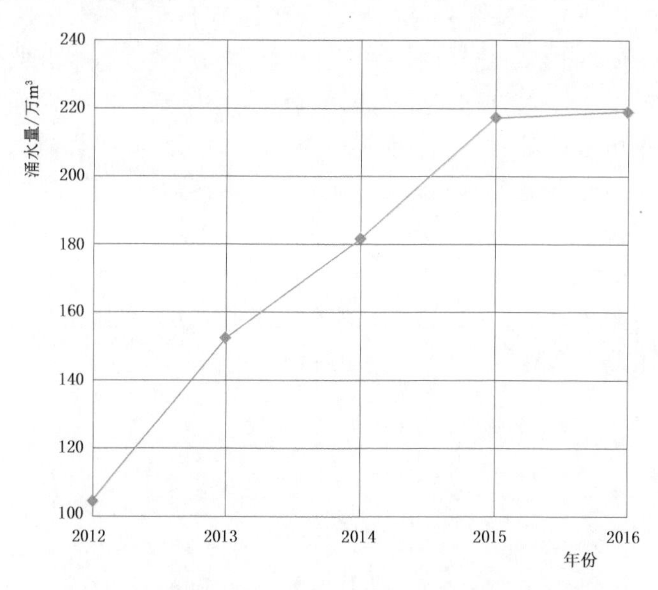

图 3.1 山西 LFLQ 煤矿达产前矿井涌水量变化情况

矿井达产后，在采煤初期，随矿井开采面积的增大和煤炭产量的增加，含水层水位逐渐下降，地下水破坏量逐渐增大。如山西 GJDQ 煤矿，该矿 1992 年建成投产，在 1992—1996 年间，随煤炭产量逐渐增大，矿井涌水量也呈增大状态。在矿井开采中期，以矿井为中心地下水降落漏斗逐渐稳定，部分含水层发生层间疏干，由承压状态转为无压状态，矿井排水量主要来自含水层的补给量，1997—2003年，煤炭产量变化不大，矿井涌水量也基本稳定（图3.2）。这段时间内采煤对地下水的破坏量主要来自含水层对矿区的补给量。

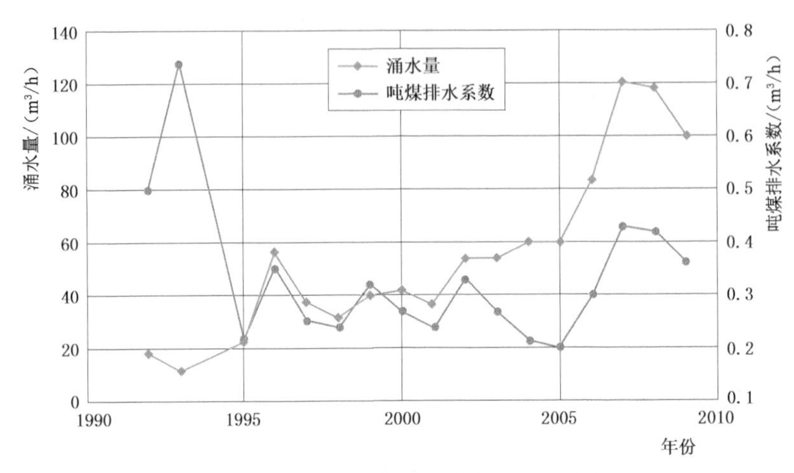

图3.2　山西GJDQ煤矿矿井涌水量变化情况

矿井停采后，由于采空区的存在，含水层地下水流入老空区，形成老空水，采空区逐步积水经一定化学反应后形成“老窑水”。如西山煤电BJZ矿业公司始建于1934年，1956年更名为西山矿务局BJZ矿，2003年重组后，改为现名，生产量由建矿时的每年万余吨，达到20世纪80年代初期鼎盛时期的200余万t/a，之后随着资源的枯竭，矿井步入衰老阶段，矿井生产能力为120万t/a，2008年产量已减至86万t，2016年BJZ矿停产。据矿方提供的矿井排水资料，BJZ矿2010—2015年矿井涌水量略微减小，2016年矿井停产后矿井涌水量仍维持在25.5万m^3。这部分排水量应当作为动储量破坏的一部分，对其征收水资源费，见图3.3。

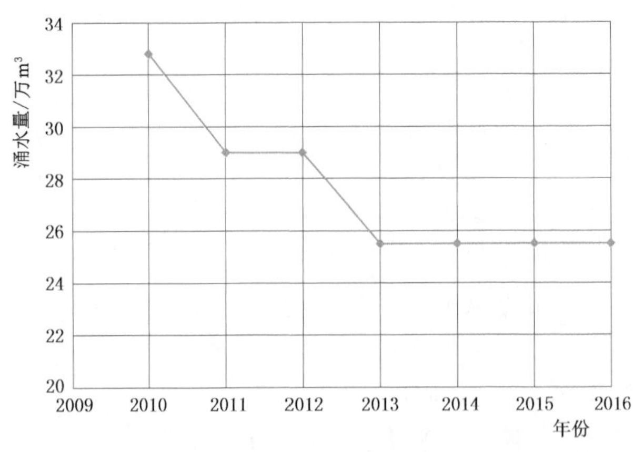

图3.3　山西BJZ矿矿井涌水量变化情况

3.2 现状使用的采煤对水资源的破坏影响测算方法

据2002年“山西省煤炭开采对水资源的破坏影响及评价”项目研究成果，山西省煤炭开采对地下水的破坏影响主要表现在动储量与静储量两个方面。静储量是一个与含水层本身特征和含水层中地下水静储量有关的量，采煤后对其破坏是一次性的；动储量是在含水层遭破坏后，随着时间的延长，排水量逐渐趋于相对稳定的量，属于逐年可更新的补给量，包括地表水入渗量及降水入渗量等。地下水静储量是地质历史时期积存的水量，难以再生和恢复，影响更加深远。

3.2.1 静储量破坏量

静储量破坏量的计算公式为

$$Q_{静}=HS\mu \tag{3.1}$$

式中：$Q_{静}$为煤田采煤破坏的含水层静储量，m^3；H为采煤破坏的含水层厚度，m；S为煤田采空区面积，m^2；μ为含水层给水度，无量纲。

“山西省煤炭开采对水资源的破坏影响及评价”项目提出，至2000年，山西省采煤破坏的地下水静储量为7.134亿m^3。1949—2000年山西全省原煤生产量65.51亿t，吨煤破坏的地下水静储量为0.107m^3。

3.2.2 动储量破坏量

“山西省煤炭开采对水资源的破坏影响及评价”项目研究中利用采煤破坏地下水模数对动储量破坏量进行了计算。动储量破坏量计算公式为

$$Q_{动}=SM \tag{3.2}$$

式中：$Q_{动}$为煤田采煤破坏的含水层动储量，m^3/h；S为煤田采空区面积，m^2；M为煤田采煤破坏的地下水模数，$m^3/(h \cdot m^2)$。

根据典型煤矿的观测排水量和采空区面积，可以计算煤田采煤破坏地下水模数，通过类比得到不同地区对同类型的煤矿的地下水破坏模数，然后计算得到煤田的动储量破坏量。

“山西省煤炭开采对水资源的破坏影响及评价”项目认为动储量为一动态变量，其破坏是永久性的（或长期性的）。该项目提出山西省破坏的地下水动储量为6.2亿m^3/a。按山西省2000年原煤产量2.5亿t计算，平均生产1t煤破坏的地下水动储量为2.48m^3。“大矿时代采煤对水资源影响破坏研究”项目认为，以上概念的动储量应包括两个部分：一是矿井进入正常开采阶段以后通过“上三带”自顶板进入矿井的涌水量；二是矿井或采区进入开采后期及停采后进入采空区的水量，这部分水量经化学反应后称为“老窑水”。这两部分都

属于采煤影响区的地下水补给资源量。现状采用的采煤影响的动储量计算没有考虑到第二部分的影响量，以及采后的长期影响量。

关于采后影响量（长期影响量）的计算，“大矿时代采煤对水资源影响破坏研究”项目提出将矿井采空区体积作为其上限，开采1t原煤产生的采空区体积为$0.7m^3$，加上开采1t原煤平均产生10%～15%的煤矸石，采后影响量在山西省的取值可采用$0.77m^3/t$，即每生产1t原煤的采后影响资源量为$0.77m^3$。

关于采煤影响地下水动储量的计算，“大矿时代采煤对水资源影响破坏研究”项目认为矿井开采进入中期阶段以后，一般不会大面积揭露新的含水层，随开采时间增长，地下水水位不断降低，降落漏斗逐步趋于稳定，部分承压含水层转为无压，矿井排水量主要靠入渗量补给，处于补排平衡状态，这一阶段的矿井涌水量可以近似作为破坏的动储量。

矿井涌水量按其出水量的大小可分为矿井正常涌水量、矿井最大涌水量及矿井灾害涌水量。根据《煤矿防治水规定》用语新释义：矿井正常涌水量是指矿井开采期间，单位时间内流入矿井的水量；矿井最大涌水量是指矿井开采期间，正常情况下矿井涌水量的高峰值。新规定中对矿井涌水量的预测着重强调矿井开采期间所进入的矿井水量，而不再是通过平均、取极端不利条件或极端不利组合来预计矿井涌水量。因此，在预测矿井涌水量时，应尽可能全面地包含矿井各出水部位，累加起来才能较为客观地得出矿井涌水量。矿井排水中排污水和排净水一般走不同的管道，可能存在监测数据不全面的问题，矿井涌水量应该更接近矿井排水对水资源的破坏量。

3.2.3　矿井涌水量计算方法

从水量构成方面，矿井涌水量包括上覆含水层的疏干排水（其中包括静储量的破坏）和下伏含水层的疏降排水，矿井涌水量的计算方法主要包括解析法、比拟法、水均衡法、数值法。

1. 解析法（大井法预测矿井涌水量）

矿井涌水量包括顶板涌水和底板突水，顶板涌水常用的计算方法为大井法。对于矿井底板有突水风险，需要进行疏水降压的矿井，大井法计算涌水量是比较可靠的。

承压转无压公式：

$$Q=\frac{1.366K[(2H-M)M-h^2]}{\lg(R/r)} \tag{3.3}$$

式中：Q为矿井涌水量；K为渗透系数；M为含水层（出水段）厚度；S为设计疏排降深；H为初始水位；h为疏干矿井中水位；R为影响半径；r为矿井等效半径。

该方法计算的为假设含水层水全部疏干的矿井顶板涌水量。解析法以井流理论和用等效原则构造的大井法为主，适用条件太过理想，实际中很少有这种煤矿，这给解析法的发展带来难以克服的困难。

2. 比拟法

借助于已有矿井开采排水资料，采用比拟法对矿井涌水量进行预测：

$$Q_2 = Q_1 \left(\frac{F_2}{F_1}\right)^m \left(\frac{S_2}{S_1}\right)^n \tag{3.4}$$

式中：Q_2、Q_1 分别为预测矿井和已有矿井涌水量；F_2、F_1 分别为预测矿井和已有矿井开采面积；S_2、S_1 分别为预测矿井和已有矿井开采疏干降深；m、n 为待定系数，一般随开采面积和深度增加而逐渐加大。

水文地质比拟法只是一种近似的、粗略的预测方法，只适用于稳定流，且水文地质条件比较简单、矿坑充水量不大、精确度要求不高、水文地质工作程度较低的矿山，或同一矿山延深开采或扩大开采时的排水量预测。

随着山西省进入大矿时代，对整合后或者生产能力重新核定后的煤矿涌水量也重新进行了预测。根据煤矿兼并重组整合矿井地质报告和水环境影响评价报告等，整合后煤矿涌水量的估算方法采用富水系数法，即采用煤矿现状生产能力和涌水量计算吨煤排水系数，然后将吨煤排水系数乘以整合后的生产能力得到整合后煤矿的涌水量。估算的涌水量与矿井实际排水量可能有很大偏差，如古交 ZCD 矿，2008 年核定生产能力 180 万 t，矿井正常涌水量为 240.2m^3/h，目前实际排水量为 530m^3/h；TL 矿 2009 年核定生产能力 500 万 t，正常涌水量 138m^3/h，目前矿井实际排水能力 624.6m^3/h。矿井涌水量使用生产能力简单类比核算，可能存在很大误差。

3. 水均衡法

$$Q_{avg} = \frac{FPa}{T} \tag{3.5}$$

式中：Q_{avg} 为水文年内平均涌水量；F 为矿井汇水面积；P 为降水量；a 为入渗系数；T 为降水时间。

水均衡法是根据开采区地下水的收支平衡关系来预测总排水量的方法，适用于地下水形成条件比较简单的矿区，当矿井处于开采条件时，地下水均衡项的测定有一定的困难。

4. 数值法

数值法是利用地下水渗流数学模拟的方法，能反映复杂矿区水文地质条件下含水层平面上和竖立方向上的非均质性、多个含水层间越流补给问题以及复杂边界条件等各种因素的影响，利用煤田地下水水位观测数据等多重观测数据对模型进行校核并反演矿井涌水量，是目前矿坑排水量计算较完善的一种方

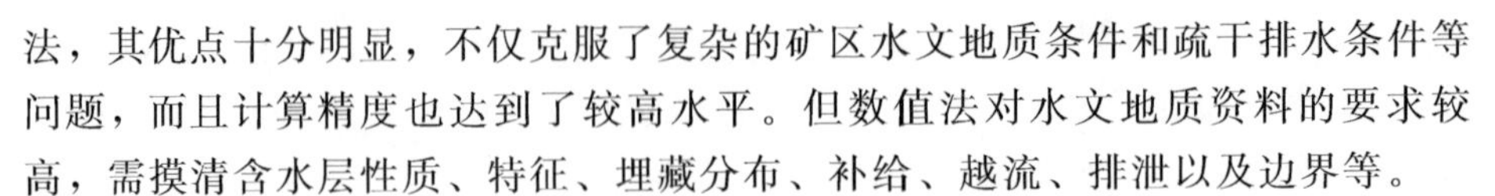

法，其优点十分明显，不仅克服了复杂的矿区水文地质条件和疏干排水条件等问题，而且计算精度也达到了较高水平。但数值法对水文地质资料的要求较高，需摸清含水层性质、特征、埋藏分布、补给、越流、排泄以及边界等。

数值法已经广泛用于山西省煤田，特别是复杂水文地质条件下的矿井涌水量预测中，已建立众多岩溶区煤田涌水量预测模型。例如，离柳矿区沙曲井田，柳林泉域岩溶水系统的径流区，带压开采，井田面积138km^2，涌水量78602.4m^3/d（李曦滨等，2010）；双柳煤矿，柳林泉域岩溶水系统，矿井存在底板突水、陷落柱突水，井田面积31.03km^2，5520m^3/d（余方胜，2012）；平朔煤田安家岭井工矿，带压开采，井田面积33.98km^2，预测平水期涌水量9835m^3/d（骆祖江等，2010）；沁水煤田，带压开采，疏干降压排水，井田面积16.3km^2，预测涌水量8880m^3/d（侯翔龙，2014）。这些数值法的研究成果可以作为矿井涌水量分析计算的基础。

3.3　井工矿对水资源的破坏影响量计算

在煤田水文地质学中，矿井涌水量为大气水、地表水、裂隙水、老空水（老窑水）和岩溶水等的总量。矿井涌水量通常指矿井开采期间流入矿井的水量，其大小常用单位时间内进入矿井的水量表示。这种对矿井涌水量的定义对水流进入矿井的方式和时间都没有明确界定，但一般是指通过地层进入矿坑的水量，不包括通过人工疏降水工程的降压排水量，井下防尘等生产用水补给量等。另外，矿井的生产寿命一般在数十年，进入矿井的水量是随矿井不同的生产阶段而变化的变量。因此，评价采煤对水资源的破坏量时，既要同时考虑矿井采掘中直接揭露或导通某个含水层后自然流入矿井的水，以及间接导通某水源（如河流）进入矿井的水量，又要考虑通过疏降水工程对矿井进行降压而产生的排水量。而贯穿矿井全生命周期的涌水量是一个随矿井生产过程的进行而不断变化的时间变量。

本书以山西六大煤田（大同、宁武、河东、西山、霍西、沁水）和主要煤产地为计算单元，根据各煤田内井田面积和区域石炭-二叠系砂岩和灰岩含水层厚度测算采煤对地下水静储量的破坏量。根据不同评价计算单元内典型煤矿的排水量监测资料类比测算总煤矿涌水量，并采用数值法建立典型矿区和煤矿的地下水数值模型与测算涌水量进行验证，见图3.4。

3.3.1　静储量破坏量测算

煤矿井田开拓过程中造成煤层顶板岩层冒裂、承压含水层跨落破裂，承压含水层地下水水位骤降，承压水弹性储量瞬间释放，形成最初的矿井涌水，弹

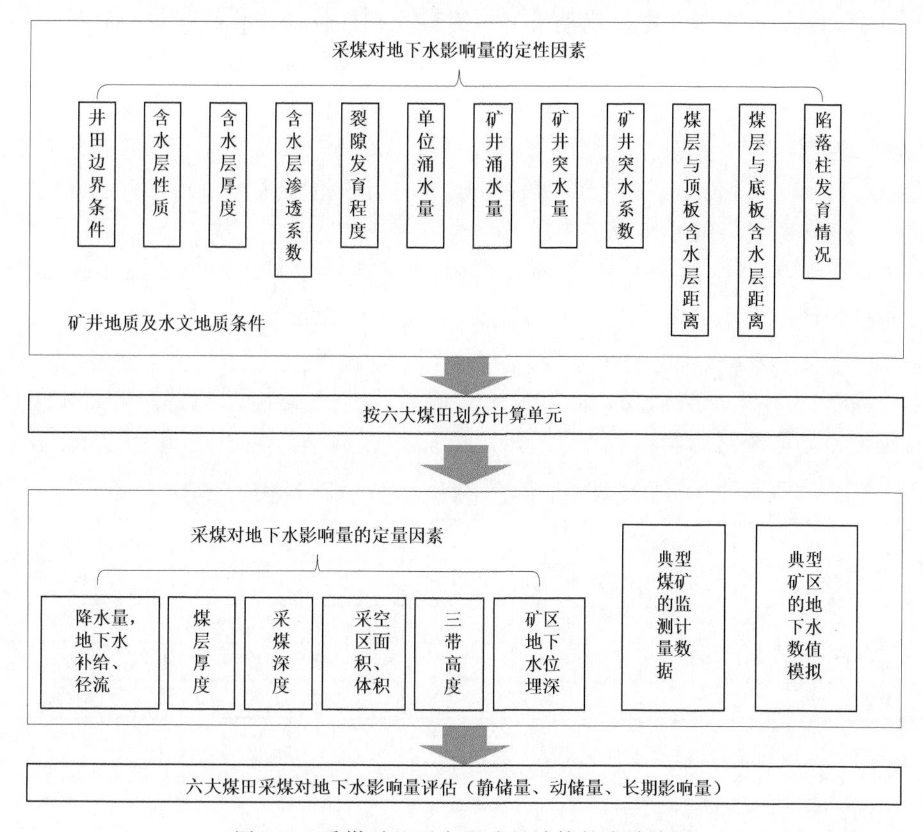

图 3.4 采煤对地下水影响量计算技术路线图

性释放后开始重力排水，甚至将含水层疏干。这部分排水量是对含水层地质年代时间尺度内形成的地下水储量的破坏，也是不可恢复的资源量，这部分水量一般在采煤的早期阶段即被破坏。煤层顶板山西组砂岩、太原组砂岩和灰岩是矿井充水的主要含水层。其含水层赋存的静态储存水量即采煤破坏的地下水静储量。含水层静态储存水量为

$$S_{静}=\sum V_i\mu_i=\sum H_i\mu_i F \tag{3.6}$$

式中：$S_{静}$ 为采煤破坏的地下水静储量；V_i 为导水裂隙带导通的各含水层体积；μ_i 为导水裂隙带导通的各含水层给水度；H_i 为导水裂隙带导通的各含水层厚度；F 为破坏的含水层面积。

含水层原有的孔隙结构和裂隙特征影响着含水层破坏后排出水量的大小，也影响着含水层结构发生改变后渗透性等水文地质参数的改变。孔隙结构指岩石中孔隙和连通孔隙的喉道大小、几何形状、分布及其互相连通情况。孔隙结构主要影响岩层的渗透能力。山西省二叠系砂岩孔隙类型根据成因可分为原生孔和次生孔，原生孔的发育主要受沉积环境的控制，次生孔主要受成岩作用的控制。

根据文献《基于孔隙度扰动模型致密砂岩弹性性质变化特征数值分析》中沁水盆地南部地区太原组和山西组砂岩孔隙度研究成果，虽然太原组和山西组砂岩现今埋深较浅，一般低于 1500m，但在三叠系之前保持持续沉积，具有较大的古埋深，岩石普遍发生致密化，具有强压实及强胶结特征，低孔隙、低渗透。取自 10 口钻孔 500～800m 埋深范围内的山西组和太原组致密砂岩段的测井样本的孔隙度一般小于 0.5%。

临汾大吉 6 井区砂岩岩心物性资料统计数据表明，砂岩孔隙度最大为 9.93%，最小为 1.29%，平均孔隙度为 5.53%；渗透率小于 $1\times10^{-3}\mu m^2$，平均渗透率为 $0.063\times10^{-3}\mu m^2$，多数集中在 $0.05\times10^{-3}\sim0.1\times10^{-3}\mu m^2$，见表 3.1。砂岩总体表现为低孔、低渗特征。砂岩孔隙度基本呈随深度增加而减小的变化趋势，见图 3.5。

表 3.1　临汾大吉 6 井区砂岩孔隙度和渗透率统计表（谭春剑，2016）

砂层	孔隙度/%			渗透率/($10^{-3}\mu m^2$)		
	最大	最小	均值	最大	最小	均值
石盒子组	9.93	1.29	5.35	0.195	0.002	0.060
山西组	6.76	5.41	6.15	0.148	0.057	0.092
太原组	5.55	4.87	5.16	0.023	0.003	0.012

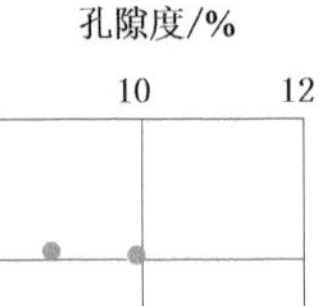

图 3.5　砂岩孔隙度随深度变化规律（谭春剑，2016）

“山西省煤炭开采对水资源的破坏影响及评价”项目中砂岩给水度的确定是根据五阳矿7303和7305两个试验工作面的开采面积和排水资料计算地下水排水模数，认为7303工作面和7305工作面第一分层计算的地下水排水模数为动静总模数，7305工作面第二分层的排水模数更接近于动储量排水模数，从而将前两个排水模数减去第二个模数得到静储量的排水模数，并根据排水时间及含水层体积确定砂岩含水层的给水度。“大矿时代采煤对水资源影响破坏研究”项目中给水度的取值是根据《专门水文地质学》（第三版）中含水层岩性给水度经验值确定的。《专门水文地质学》（第三版）中粉砂至粗砂不同粒径砂岩的给水度范围为0.06～0.15，黏土胶结砂岩给水度为0.02～0.03，裂隙灰岩给水度为0.008～0.10。

静储量破坏量是砂岩和灰岩含水层中由于水位下降在重力作用下排出的水量，在没有致密砂岩给水度实测资料情况下，本书在研究中根据沁水盆地砂岩孔隙度实测值，参考《专门水文地质学》（第三版）中的砂岩给水度经验值以及“大矿时代采煤对水资源影响破坏研究”项目中使用的给水度值，砂岩给水度统一取《专门水文地质学》（第三版）中黏土胶结砂岩给水度0.02进行保守计算，灰岩给水度根据灰岩和砂岩单位涌水量类比得到为0.03。

各煤田山西组砂岩、太原组砂岩和灰岩厚度分布是计算采煤破坏地下水储量的基本资料。此次研究系统收集了前人在山西省以及各煤田聚煤规律研究中形成的各地质层厚度分布、地层砂泥比率分布、地质剖面图、钻孔柱状图等图件资料。

根据山西省各煤田及煤产地面积、砂岩和灰岩含水层厚度以及给水度计算煤田全部开采破坏的含水层地下水静储量，结果见表3.2。破坏的地下水静储量总计为179.99亿m^3。根据2017年版《山西省煤炭资源潜力评价》，山西省1059座煤矿占用可采储量561.13亿t，按照山西省各煤田井工矿可采储量计算的地下水吨煤破坏系数，山西省六大煤田中吨煤破坏系数在0.23～0.53m^3/t之间，山西省整体采煤对地下水静储量的吨煤破坏系数为0.35m^3/t，见表3.3。

表3.2　山西省各煤田（井工矿）破坏地下水静储量计算成果表

煤田	山西组砂岩厚度/m	太原组砂岩厚度/m	砂岩面积/km^2	太原组灰岩厚度/m	灰岩面积/km^2	静储量破坏量/亿m^3
河东煤田	21.64	24.71	1801.97	14.24	1801.97	24.40
大同煤田	63.60	32.14	1404.99			26.90
宁武煤田	36.86	32.95	677.75	3.00	677.75	10.07
西山煤田	24.96	29.92	1017.46	10.27	1017.46	14.30

续表

煤田	山西组砂岩厚度/m	太原组砂岩厚度/m	砂岩面积/km^2	太原组灰岩厚度/m	灰岩面积/km^2	静储量破坏量/亿 m^3
沁水煤田	20.11	32.95	5046.24	14.47	5046.24	75.46
霍西煤田	14.31	23.67	2285.49	15.06	2285.49	27.69
平陆煤产地	17.22	20.76	40.00	15.19	40.00	0.49
垣曲煤产地	19.44	15.27	1.11	15.32	1.11	0.01
浑源煤产地	47.40	22.29	44.48	3.03	44.48	0.66
合计			12319.49		10914.50	179.99

注 表中面积为各煤田内井田面积合计。

表3.3　　山西省各煤田（井工矿）地下水静储量的吨煤破坏系数

煤田	登记煤矿数量/座	可采储量/亿 t	静储量破坏量/亿 m^3	吨煤破坏系数/(m^3/t)
河东煤田	147	87.69	24.40	0.28
大同煤田	119	75.14	26.90	0.36
宁武煤田	93	43.28	10.07	0.23
西山煤田	80	27.02	14.30	0.53
沁水煤田	413	196.45	75.46	0.38
霍西煤田	176	80.25	27.69	0.35
平陆煤产地	6	1.31	0.49	0.37
垣曲煤产地	1	0.10	0.01	0.13
浑源煤产地	4	3.89	0.66	0.17
合计	1039	515.13	179.99	0.35

注 表中煤矿可采储量来源于2017年版《山西省煤炭资源潜力评价》。

据《山西省深化采煤沉陷区治理规划（2014—2017年）》，山西省采煤形成的采空区面积已达到5000km^2，占现有矿区面积的41%，占山西省国土面积的3%。采煤形成的地下水水位降落漏斗的影响范围要大于采空区面积，根据《山西省煤炭开采生态环境恢复治理规划》，山西省采煤采空区漏斗状辐射影响地表面积约13000km^2。静储量的破坏量大部分发生在采煤的早期阶段，随煤矿向深部发展，除导致煤系地层裂隙地下水进入矿井外，煤层上部裂隙含水层地下水静储量大部分已被破坏。

大同煤田为双系煤田，侏罗系地层面积772km^2，但经多年开采，侏罗系煤层已几乎全部开发利用，大同煤田的开采工作已转移到石炭-二叠系煤层开发。本书研究中采煤对地下水资源储量的破坏未包含大同煤田侏罗系煤层的测

算。采煤对顶板裂隙含水层地下水的破坏也应包括承压裂隙水转为无压过程中的弹性释水，需要根据含水层贮水系数和水头下降测算。但煤矿水文地质勘探普遍采用的简易抽水试验采用稳定流公式计算水文地质参数，不能给出贮水系数参数值。根据平朔矿区井工矿煤矿涌水数值模型的参数识别结果（陈思佳等，2008），煤系地层储水率在 $1\times10^{-9}\sim1\times10^{-8}$L/m 范围内，考虑到砂岩和灰岩厚度 10～60m，裂隙含水层贮水系数远小于裂隙含水层的给水度，即使采用较大的经验值（1×10^{-6}L/m）测算的弹性释水量仅约为含水层重力排水的 1%，因此采煤破坏地下水静储量未计入承压裂隙水转为无压过程中的弹性释水量。

3.3.2　动储量破坏量测算

本书研究中采用实地调查的典型煤矿的排水量资料计算煤矿排水系数并测算煤矿动储量影响破坏量。此外，还采用 MODFLOW 地下水数值模拟软件建立典型矿区（西山矿区）和典型煤矿（河东煤田 JN 煤矿）地下水数值模型，分别对典型矿区和典型煤矿的涌水量进行了分析计算，并与实测涌水量进行了对比验证（详见 3.5 节和 3.6 节）。

本书通过了资料齐全的 142 座典型煤矿的调研得到，其中井工矿生产能力 1.87 亿 t/a，排水量 8678 万 m^3/a。利用各矿区以及煤产地典型煤矿排水系数，统计山西省各煤田排水系数，见表 3.4。按山西省井工矿生产能力 12.49 亿 t/a 加权计算全省煤矿排水系数为 0.40m^3/t，按井工矿实际产量 9.01 亿 t/a 折算全省井工矿吨煤排水系数为 0.55m^3/t。

表 3.4　山西省各煤田（井工矿）采煤排水量计算表

煤田	矿区	生产能力/(万 t/a)	排水系数/(m^3/t)		计算排水量/(万 m^3/a)
			按生产能力计	按实际产量计	
河东煤田	小计	19260	0.19	0.26	3569.3
	河保偏	4090	0.31	0.43	1267.9
	离柳	10035	0.16	0.22	1605.6
	石隰	210	0.03	0.04	6.3
	乡宁	4925	0.14	0.19	689.5
大同煤田	大同	15595	0.15	0.21	2339.3
宁武煤田	小计	15421	0.22	0.31	3455.5
	平朔	7170	0.12	0.17	860.4
	朔南	1200	0.12	0.17	144.0
	轩岗	4506	0.03	0.04	135.2
	岚县	2545	0.91	1.26	2316.0

续表

煤田	矿区	生产能力/(万 t/a)	排水系数/(m^3/t)		计算排水量/(万 m^3/a)
			按生产能力计	按实际产量计	
西山煤田	西山	7916	0.40	0.55	3166.40
沁水煤田	小计	50191	0.54	0.75	27163.3
	东山	1080	0.78	1.08	842.4
	阳泉	13895	0.78	1.08	10838.1
	武夏	4010	0.23	0.32	922.3
	潞安	9840	0.48	0.67	4723.2
	晋城	16861	0.53	0.73	8936.3
	霍东	4505	0.2	0.28	901.0
霍西煤田	小计	15854	0.64	0.88	10075.5
	汾西	8747	0.38	0.53	3323.9
	霍州	7107	0.95	1.32	6751.7
其他煤产地	平陆煤产地	375	0.14	0.19	52.5
	垣曲煤产地	30	0.14	0.19	4.2
	浑源煤产地	240	0.12	0.17	28.8
合计		124882			49854.8

注　生产能力不含露天煤矿，全省煤矿排水系数根据典型调研煤矿排水系数和全省井工矿生产能力12.49亿 t加权计算。

根据排水系数及生产能力推算各矿区及煤产地排水量，汇总得到山西省煤矿排水量约4.99亿 m^3/a。计算结果比2002年完成的“山西省煤炭开采对水资源的破坏影响及评价”项目计算的动储量破坏量6.25亿 m^3/a 小。山西省的煤炭产量从2000年的约2.5亿 t/a 增加到2019年约10亿 t/a，但矿井涌水量变化是逐渐减小趋于稳定的过程。本书利用各矿区以及煤产地典型煤矿现状调查成果，以各矿排水量的计量台账为基础依据，根据实测煤矿排水系数计算的排水量更符合现状情况。

矿井正常生产过程中如果进行新工作面的开拓，仍会破坏含水层静储量进入矿井，可能存在与静储量测算部分重复的情况。但采煤对地下水静储量的破坏主要是“揭盖子”的问题，上组煤开采时已破坏大部分静储量，山西煤炭开采现状主要是老矿整合、采煤大都向深部发展，再往下采煤破坏的仅是煤层间砂层地下水，2000年以来山西煤炭产量增加，但煤矿排水量逐渐稳定的变化过程也显示出，现状下的排水量应该是以动储量（袭夺地下水补给量和河川径流量）为主。

采煤引起的地下水动储量的破坏应指煤矿正常生产过程中，周边含水层通

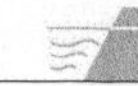

过一定的过水通道（如导水裂隙带）进入矿井的水量。这部分涌水量由过水断面的渗透性，地下水的水动力条件（水力梯度或者含水层和开采矿井间的压力差）决定。采用 MODFLOW 模拟矿井涌水量过程中通常采用 DRAIN 模块（董佩等，2009；陈怡西等，2016）模拟矿井渗出面排水问题，矿井涌水量由下式表示：

$$\begin{cases} Q=C(h-H) & h>H \\ Q=0 & h\leqslant H \end{cases} \tag{3.7}$$

式中：Q 为矿井涌水量；h 为煤层所在含水层水位；H 为开采工作面高程；C 为水力传导系数。

式（3.7）中的水力传导系数 C 是一个综合性参数，一般在模型调参过程中通过计算涌水量与实测涌水量拟合得到，其取值应由矿井过水通道的渗透性能决定。涌水量或动储量破坏量取决于过水通道的渗透性和过水断面上的水力梯度，即

$$Q_{动}=KJS \tag{3.8}$$

式中：$Q_{动}$为采煤引起含水层动储量破坏量的矿井涌水量：K 为过水通道（如导水裂隙带）的渗透系数；J 为过水通道的水力梯度；S 为过水断面面积。

水力梯度由含水层和工作面之间的地下水压力差和过水通道长度决定，可得出：

$$Q_{动}=\frac{KS}{Z}P=C(h-H) \tag{3.9}$$

式中：P 为含水层和工作面之间在涌水通道上地下水压力差；Z 为过水通道长度。

式（3.9）与 DRAIN 模块计算公式在形式上一致，因此数值模型中水力传导系数的取值取决于过水通道的渗透性。过水通道的渗透性是由含水层的渗透性，以及导水裂隙带、可能存在的断层和陷落柱的渗透性决定的，含水层和工作面之间在涌水通道上地下水压力差是由含水层水位（地下水补给量和含水层渗透性决定）和采掘工作面高度决定的。

3.3.3　采后长期影响量测算

煤层采空之后，地下水从原有采空区出水点不断渗流并在适当位置蓄积，采空区积水一方面会严重威胁正常生产的相邻煤矿，另一方面可能由于径流和排泄不畅，随着水体和岩石及煤层的水岩化学反应，矿井化学环境发生改变，采空区积水易出现偏酸性、硫酸根离子含量偏高、矿化度偏大等现象，采空区地下水丧失资源功能，产生老窑水问题。因此，采煤对水资源的影响必须考虑

煤矿停采后的采空区积水过程。Younger（1999）基于封停采井中的特有的地下水介质和水动力场，建立了3种废弃矿井积水模型：VSS－NET、CDGW-FM、GRAM。Banks（2001）等引入了矿井有效横截面积概念，建立了矿井积水体积随矿井中水位动态变化的废弃矿井积水模型（mine－water filling model，MIFIM）。这些模型均依赖于对具体研究煤矿水文地质条件的分析和概化，采煤对水资源的长期影响量分析采用积水系数法。

煤矿停采后的充水空间包括工作面、巷道以及采煤影响范围内的围岩裂隙及孔隙。对围岩含水层地下水的破坏即是对地下水静储量的破坏。根据《煤矿防治水规定》中老窑水计算公式，矿区采空区积水量一般按照以下公式计算：

$$V=V_z+V_k=KMA/\cos\alpha+CSL \tag{3.10}$$

式中：V 为老窑水总体积，m^3；V_z 为采空区积水体积，m^3；V_k 为巷道积水体积，m^3；K 为矿区积水系数；M 为煤层厚度，m；A 为采空积水区水平投影面积，m^2；α 为煤层倾角，（°）；C 为巷道积水系数；S 为巷道断面面积，m^2；L 为巷道累计长度，m。

由式（3.10）可知，倾角较小的煤层采空区积水体积主要与煤层回采厚度及回采面积正相关。矿井巷道积水量由巷道规格及巷道的变形程度决定。巷道的容积通常低于整个采空区的容积，巷道容积估算不精确或者忽略巷道容积引起的采空区积水量测算误差一般不超过2%（熊崇山等，2005）。

矿区采空区积水系数 K 为采空区积水量 V_z 和采出煤炭原始体积 V_c 的比值，即

$$K=\frac{V_z}{V_c} \tag{3.11}$$

由矿区积水系数的定义可知，煤矿停采后，不考虑矿井继续排水的情况下，单位原始体积煤炭对地下水的破坏量即为矿区积水系数。积水系数 K 取决于矿井地质条件和采矿条件，其中采空区充填方式和塌落程度最为重要。充填方式取决于采煤方法和顶板管理方法，顶板塌落程度取决于煤层埋藏深度和矿山压力。积水系数的确定可以按照采煤方法、地表沉降量确定。

1. 采煤冒落法确定积水系数

对于采煤长壁冒落法，积水系数 K 和采空区深度 H 之间的回归方程（Rogoż，1999. 转引自 Banks 等，2010）为

$$K=0.485e^{-0.00205H} \tag{3.12}$$

短壁工作面冒落法采煤积水系数可以从测量数据中取其平均值0.438，熊崇山等（2005）对沁水煤田28个煤矿采空区的积水系数进行了实测和分析，

冒落法采煤积水系数平均值为0.43。

2. 利用地表沉降量确定积水系数

一般在缓倾斜煤层中用走向长壁法采煤，推进速度均匀，采空区稳定后积水系数与地表最大沉降量 H 的关系式为

$$K=1-H/M \tag{3.13}$$

根据各矿区地表最大沉降量及煤层厚度计算积水系数见表3.5，除西山煤田和沁水煤田晋城矿区稍高外，其他矿区的积水系数在0.28～0.46之间。

表3.5　采用地表沉降量确定的采空区积水系数

煤田	矿区	最大沉降量/m	煤层厚/m	积水系数 K
大同煤田	大同矿区	7.89	13.26	0.41
宁武煤田	轩岗矿区	13.98	19.28	0.28
西山煤田	古交矿区	2.04	5.26	0.61
	西山矿区	5.85	16.13	0.64
沁水煤田	阳泉矿区	10.81	16.8	0.36
	潞安矿区	4.99	9.09	0.45
	晋城矿区	4.84	10.6	0.54
霍西煤田	霍州矿区	5.84	9.17	0.36
	汾西矿区	4.93	9.1	0.46

注　大同矿区煤层厚度为山西组煤层厚度。

按照煤矿实际煤炭产量计算，生产吨煤造成的采空区积水量应为积水系数/回采率。山西省矿权改革前煤炭回采率偏低，全省煤矿资源平均回采率为40%左右，其中一般国营矿为50%～60%，地方矿为30%～40%，乡镇煤矿仅为10%～20%。回采率按照60%保守计算实际生产煤炭造成的长期影响量为0.43/0.60=0.72(m^3/t)。根据陆远昭、陆家河等编著的《山西煤水资源合理开发与保护研究》，截至2005年，山西省累计采煤99.78亿t，采煤形成地下采空区体积为73.29亿m^3；根据煤炭产量以及影响系数计算长期影响量为71.84亿m^3，两者基本一致。根据矿区采空区积水系数计算的各煤田及煤产地采空区老窑水影响系数与影响水资源量见表3.6。

表3.6　采空区老窑水影响系数与影响水资源量

煤田	影响系数/(m^3/t)	煤产量/(万t/a)	影响水资源量/(万m^3/a)
河东煤田	0.72	13900	10008.00
大同煤田	0.68	11255	7599.53

续表

煤田	影响系数/(m^3/t)	煤产量/(万 t/a)	影响水资源量/(万 m^3/a)
宁武煤田	0.69	11129	7651.19
西山煤田	0.76	5713	4330.31
沁水煤田	0.75	36221	27189.45
霍西煤田	0.68	11442	7831.88
平陆煤产地	0.72	271	195.12
垣曲煤产地	0.72	22	15.84
浑源煤产地	0.72	173	124.56
合计	0.72	90126	64956.34

3.3.4 采煤沉陷区对地表径流的影响

山西省河川天然径流量分析表明，以 1980 年左右为拐点，进入 20 世纪 80 年代以后山西省进入快速发展期，人类活动对河川径流影响不断加剧，降水变化加上人类活动对流域下垫面的影响导致 1980—2000 年河川天然年径流量较 1979 年以前的平均水平减少了约 40%，并正以每年约 1.6%的速度减少（薛凤海，2004）。其中，人类活动对河川径流量的影响程度估计在 60%以上，人类活动对河川径流量的影响主要包括两个方面：一是工农业和生活地表水取用水以及水利工程调蓄，该部分影响一般可以通过分项调查还原法进行还原计算；二是生产实践和社会活动改变流域下垫面条件（包括植被、土壤、水面、耕地、潜水位等因素），导致入渗、径流、蒸散发等平衡要素变化，使得流域产流和汇流条件发生变化。其中，第二方面的影响包括地下水开采、煤矿开采、水土保持措施等，该部分影响无法用简单的还原计算来估算其影响量。

煤矿开采对河川径流的影响主要表现在对地表产汇流过程的影响和河川基流量的影响。煤矿采空区上方形成的地表塌陷、地裂缝等将改变降雨形成的产汇流过程，地表径流通过采煤沉陷区地段，大量地表水成为沉陷区积水或通过地裂缝渗漏进入矿井，从而使地表径流量减少。另外，河川基流中部分来自于地下水，采矿后这部分地下水渗入矿坑，导致河川基流量减少。据西山煤电古交矿区采煤对河川径流的研究成果，古交矿区采煤造成山区河川基流减少 38%（顾盼，2015）。但这部分水量同时也属于矿井涌水量的一部分，因此本节对采煤对地表径流的影响量测算主要考虑采煤沉陷区对地表径流的减少量。

采煤沉陷区是指地下煤体被采出后，周围岩体因应力变化产生变形、断裂

和垮落，在地表形成的沉降和陷落区域。因此，采煤沉陷区的认定应考虑成因和影响两方面因素。从成因方面看，采煤沉陷区是地表已经发生沉降或陷落等形状变化的区域，一般认为煤炭开采导致地表下沉值达到 10mm 时，即认定为发生采煤沉陷。受多种因素影响，采煤沉陷区可能有区域整体沉陷和局部沉陷等不同的表现形式。对整体出现大面积采煤沉陷的区域，应将全部沉陷区域认定为采煤沉陷区；对局部出现采煤沉陷的区域，除应将实际发生沉陷的区域认定为采煤沉陷区外，还应将同一煤田范围内煤炭赋存情况和开采程度接近的相邻区域一并认定为采煤沉陷区。山西省采煤沉陷区遍布全省 11 个地市，2015 年通过卫星遥感监测发现沉陷区面积为 3407.20km^2（表 3.7），主要分布在大同市、朔州市、临汾市、吕梁市、长治市、忻州市等煤炭资源比较丰富、开发历史长、煤矿开采集中地区。

表 3.7　　山西省遥感监测采煤沉陷区面积

行政区	沉陷区面积/km^2	行政区	沉陷区面积/km^2
太原市	314.54	晋中市	372.30
大同市	433.35	运城市	49.32
阳泉市	205.35	忻州市	105.05
长治市	289.61	临汾市	377.17
晋城市	387.18	吕梁市	556.22
朔州市	317.11	合计	3407.20

注　数据来源于蒋劲等（2017）。

采煤对河川径流量的影响的定量评价通常采用分布式水文模型，通过建立矿区水文模型，对模型进行模型参数识别和校正后，分析对比采煤前后的河川径流量变化，如古交矿区通过建立矿区 MIKE SHE 水文模型（顾盼，2015），模拟分析了 1981—2008 年煤矿基本建设完毕后的河川径流变化，模型结果显示采煤导致汾河渗漏量增加 348.5 万 m^3（相当于径流深 2.2mm），河川径流减少 221.8 万 m^3（相当于径流深 1.4mm）。本书研究中，采用山西省矿区径流系数和降水量以及典型矿区采煤对径流减少量的研究成果，以径流量减少 25%类比计算六大煤田采煤对河流径流量（不含基流量）的影响量以及影响系数，见表 3.8 和表 3.9。

表 3.8　　山西采煤沉陷区对地表径流影响量

煤田	沉陷区面积/km^2	降水量/mm	径流系数	径流影响量/万 m^3
河东煤田	669.59	583	0.06	585.66
大同煤田	528.41	405	0.05	267.51
宁武煤田	304.05	510	0.1	387.79

续表

煤田	沉陷区面积/km^2	降水量/mm	径流系数	径流影响量/万 m^3
西山煤田	187.45	495	0.05	116.01
沁水煤田	1515.35	566	0.07	1501.75
霍西煤田	186.35	569	0.05	132.58
平陆煤产地	7.06	641	0.08	9.06
垣曲煤产地	1.21	641	0.04	0.78
浑源煤产地	7.72	405	0.05	3.91
合计	3407.20			3005.03

表 3.9　　山西采煤沉陷区对地表径流影响系数

煤田	生产能力/(万 t/a)	实际产量/(万 t/a)	径流影响量/(万 m^3/a)	影响系数/(m^3/t)
河东煤田	19260	13900	585.66	0.04
大同煤田	15595	11255	267.51	0.02
宁武煤田	15421	11129	387.79	0.03
西山煤田	7916	5713	116.01	0.02
沁水煤田	50191	36221	1501.75	0.04
霍西煤田	15854	11442	132.58	0.01
平陆煤产地	375	271	9.06	0.03
垣曲煤产地	30	22	0.78	0.04
浑源煤产地	240	173	3.91	0.02
合计	124882	90126	3005.03	0.03

3.3.5　矿井奥灰水疏降排水的影响

山西省除大同煤田和宁武、河东煤田北部以外，宁武、河东、西山、霍西和沁水煤田皆处于奥陶系岩溶大泉泉域，随煤矿开采深度增加，煤矿受底板灰岩岩溶水突水威胁严重。矿井疏降水量指将矿井特定采掘区内相关含水层的地下水水位（水压力）人为疏降到某一安全值需要从含水层中抽出的水量。对于山西省各煤田，下组煤开采深度处于奥灰岩溶水位以下时，属于深部带压开采情况，疏水降压采煤主要是将奥灰水压力降低，使井田内带压地段突水系数降低到 0.06MPa/m 以下。

疏降水量和水位降深、疏水时间密切相关。在相同的降深要求下，疏水时间越长，疏水强度越小。矿井疏水强度可以用下式描述：

$$Q=qs \tag{3.14}$$

式中：Q 为疏水强度；q 为单位涌水量；s 为水位降深。

煤层底板突水系数计算采用《煤矿防治水规定》附录 4 中的公式：

$$T=P/M \tag{3.15}$$

式中：T 为突水系数，MPa/m；P 为底板隔水层承受的水压，MPa，为奥陶系灰岩水的水压减去煤层底板标；M 为底板隔水层厚度，m。

采煤工作面的安全水压为

$$P=T_sM \tag{3.16}$$

式中：T_s 为临界突水系数，一般情况下按 0.06MPa/m 计算。

将突水系数降到临界突水系数的奥灰水压为 $0.06M$(MPa)，即 $6M$(m)高水位，相应的奥灰水位降深（m）为

$$s=100(T-0.06)M \tag{3.17}$$

或

$$s=H_0-6M \tag{3.18}$$

式中：H_0 为疏降前奥灰水水位。

奥灰水疏水强度为

$$Q=100q(T-0.06)M \tag{3.19}$$

或

$$Q=qs=q(H_0-6M) \tag{3.20}$$

山西省奥灰水和下组煤之间的隔水层主要是本溪组泥岩隔水层。由式（3.19）和式（3.20）可见，本溪组泥岩隔水层越厚，奥灰水疏水降深越小，疏水强度也越小；煤层埋深越大，带压越大，疏水强度也越大。

山西煤田马兰煤矿主斜井略低于奥陶系峰峰组顶部，靠近奥陶系灰岩西部露头区，属奥灰岩溶水补给径流区。井底标高 837.59m，该处奥灰顶面标高 870.13m，目前主斜井底附近峰峰组水位标高约 900.00m，底板带压约 0.65MPa。为了疏水降压保证主斜井底安全，于 1990 年在井底平巷内施工奥灰疏水孔 5 个，目前仍有 4 个在用，2014 年 3 月在原疏水降压孔附近新施工了 4 个疏水钻孔；根据文献资料（李俊杰等，2016），马兰煤矿所有疏水钻孔涌水量在 $900m^3/h$ 左右。西山矿区白家庄 2 号井，开采水平 710m，奥灰水位标高为 805.00m 左右，下组煤底板标高低于奥灰水位 90m 左右。根据文献资料（诸铮，2007），该矿为了保证安全生产，1983 年开始降压排水，日排水量为 $5000m^3$ 左右，从水均衡关系分析，对西山岩溶水和晋祠泉也有轻微影响。

随山西省煤矿生产向深部发展和大面积开发，奥灰岩溶水突水水害威胁越来越严重。1982 年某煤矿发生山西省第一例深层岩溶水大型突水。2008 年 3 月某煤矿由于陷落柱导通奥灰岩溶水发生突水，水量达 $1200m^3/h$。2017 年 6 月 22 日，某煤矿发生奥灰水突水事故，图 3.6 为突水排水现场照片。

3.3.6 采煤对水资源的影响综合分析

通过以上分析可以得出，山西省井工矿全生命周期内每采 1 吨煤平均影响

图 3.6　煤矿奥灰突水排水现场照片

与破坏 1.65m³ 水资源，其中井田开拓阶段破坏含水层地下水储量吨煤 0.35m³；正常生产阶段涌水量吨煤 0.55m³，影响地表径流量吨煤 0.03m³；停采后采空区形成老窑水吨煤 0.72m³。各煤田或煤产地以及各地市的分析结果，见表 3.10、表 3.11。按照影响水资源体积，煤矿井田开拓对含水层地下水储量破坏以及煤矿停采后的长期影响对水资源破坏最大。井田开拓破坏的地下水静储量绝大部分属于一次性的影响破坏量，对于已建矿井无法计量；矿井正常生产阶段的涌水量影响的为地下水通量，随生产阶段动态变化，一般能够直接计量；采后老空区积水的长期影响量虽然也应是一动态过程，但受地下水补给、采空区水深的影响，一般也无法直接计量。

表 3.10　　井工矿采煤对水资源的影响系数成果表　　单位：m³/t

煤田	静储量吨煤破坏系数	动储量吨煤破坏系数	采煤沉陷区对径流影响系数	采后长期影响系数	总影响系数
河东煤田	0.28	0.26	0.04	0.72	1.30
大同煤田	0.36	0.21	0.02	0.68	1.27
宁武煤田	0.23	0.31	0.03	0.69	1.26
西山煤田	0.53	0.55	0.02	0.76	1.86
沁水煤田	0.38	0.75	0.04	0.75	1.92
霍西煤田	0.35	0.88	0.01	0.68	1.92
平陆煤产地	0.37	0.19	0.03	0.72	1.31
垣曲煤产地	0.13	0.19	0.04	0.72	1.08
浑源煤产地	0.17	0.17	0.02	0.72	1.08

表 3.11 井工矿采煤对水资源影响系数成果表 单位：m^3/t

<table>
<tr><th rowspan="2">地市</th><th rowspan="2">煤 田</th><th colspan="4">煤田范围采煤对水资源影响系数</th><th colspan="4">市域范围采煤对水资源影响系数</th></tr>
<tr><th>静储量吨煤破坏系数</th><th>开采吨煤排水系数</th><th>采后长期影响系数</th><th>总影响系数</th><th>静储量吨煤破坏系数</th><th>开采吨煤排水系数</th><th>采后长期影响系数</th><th>总影响系数</th></tr>
<tr><td rowspan="2">太原市</td><td>西山煤田</td><td>0.53</td><td>0.57</td><td>0.76</td><td>1.86</td><td rowspan="2">0.46</td><td rowspan="2">0.67</td><td rowspan="2">0.75</td><td rowspan="2">1.89</td></tr>
<tr><td>沁水煤田</td><td>0.38</td><td>0.79</td><td>0.75</td><td>1.92</td></tr>
<tr><td>大同市</td><td>大同煤田</td><td>0.36</td><td>0.23</td><td>0.68</td><td>1.27</td><td>0.36</td><td>0.23</td><td>0.68</td><td>1.27</td></tr>
<tr><td>阳泉市</td><td>沁水煤田</td><td>0.38</td><td>0.79</td><td>0.75</td><td>1.92</td><td>0.38</td><td>0.79</td><td>0.75</td><td>1.92</td></tr>
<tr><td>长治市</td><td>沁水煤田</td><td>0.38</td><td>0.79</td><td>0.75</td><td>1.92</td><td>0.38</td><td>0.79</td><td>0.75</td><td>1.92</td></tr>
<tr><td>晋城市</td><td>沁水煤田</td><td>0.38</td><td>0.79</td><td>0.75</td><td>1.92</td><td>0.38</td><td>0.79</td><td>0.75</td><td>1.92</td></tr>
<tr><td rowspan="2">朔州市</td><td>宁武煤田</td><td>0.23</td><td>0.34</td><td>0.69</td><td>1.26</td><td rowspan="2">0.27</td><td rowspan="2">0.30</td><td rowspan="2">0.68</td><td rowspan="2">1.26</td></tr>
<tr><td>大同煤田</td><td>0.36</td><td>0.23</td><td>0.68</td><td>1.27</td></tr>
<tr><td>晋中市</td><td>沁水煤田</td><td>0.38</td><td>0.79</td><td>0.75</td><td>1.92</td><td>0.38</td><td>0.79</td><td>0.75</td><td>1.92</td></tr>
<tr><td>运城市</td><td>河东煤田</td><td>0.28</td><td>0.30</td><td>0.72</td><td>1.30</td><td>0.28</td><td>0.30</td><td>0.72</td><td>1.30</td></tr>
<tr><td rowspan="2">忻州市</td><td>河东煤田</td><td>0.28</td><td>0.30</td><td>0.72</td><td>1.30</td><td rowspan="2">0.25</td><td rowspan="2">0.33</td><td rowspan="2">0.70</td><td rowspan="2">1.27</td></tr>
<tr><td>宁武煤田</td><td>0.23</td><td>0.34</td><td>0.69</td><td>1.26</td></tr>
<tr><td rowspan="3">临汾市</td><td>霍西煤田</td><td>0.35</td><td>0.89</td><td>0.68</td><td>1.92</td><td rowspan="3">0.33</td><td rowspan="3">0.59</td><td rowspan="3">0.72</td><td rowspan="3">1.64</td></tr>
<tr><td>沁水煤田</td><td>0.38</td><td>0.79</td><td>0.75</td><td>1.92</td></tr>
<tr><td>河东煤田</td><td>0.28</td><td>0.30</td><td>0.72</td><td>1.30</td></tr>
<tr><td rowspan="4">吕梁市</td><td>霍西煤田</td><td>0.35</td><td>0.89</td><td>0.68</td><td>1.92</td><td rowspan="4">0.31</td><td rowspan="4">0.41</td><td rowspan="4">0.72</td><td rowspan="4">1.44</td></tr>
<tr><td>西山煤田</td><td>0.53</td><td>0.57</td><td>0.76</td><td>1.86</td></tr>
<tr><td>沁水煤田</td><td>0.38</td><td>0.79</td><td>0.75</td><td>1.92</td></tr>
<tr><td>河东煤田</td><td>0.28</td><td>0.30</td><td>0.72</td><td>1.30</td></tr>
</table>

注 表中开采吨煤排水系数包括对径流的影响系数。

3.4 露天煤矿对水资源的影响量计算

3.4.1 露天煤矿对水资源的影响机理及计算

露天煤矿对水资源的影响也是贯穿其全生命周期的。露天煤矿建设期及煤层上覆地层剥离期间，需要对矿坑地下水水位进行疏降。煤矿正常生产期间，地下水潜水在向矿坑汇集，随着矿坑水的不断外排，地下水水位下降，对地下水资源造成破坏。矿坑开挖后，煤层上覆包气带土层和岩层全部被剥离，矿区地下水埋深减小，地下水蒸发量增大，未开发前能够形成的地下水补给量被蒸发损耗。另外，矿坑开挖导致矿区地形和土地利用发生改变，如从平朔露天矿区1984年、2017年地表变化遥感影像对比图（图3.7）可以看出，原本矿坑所在流域降雨形成的地表径流向矿坑汇入后蒸发消耗或被人工排出，减少了地表径流量。露天煤矿停产后，矿坑内由于地下水积水可能会形成一定面积的积水，地下水由潜水蒸发转变为极强的水面蒸发，造成地下水蒸发损失量加大。

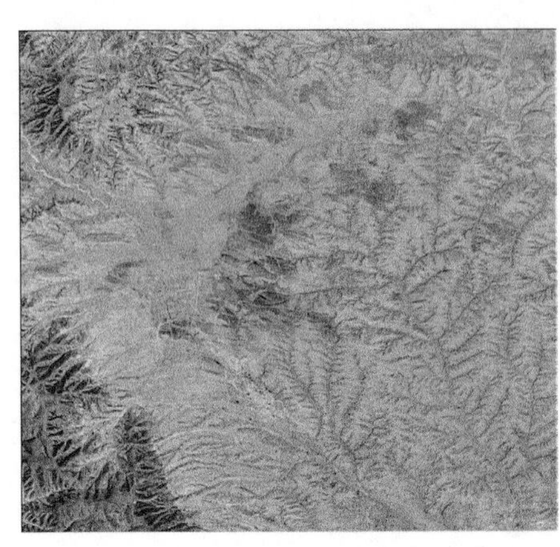

(a) 1984年12月31日

(b) 2017年6月7日

图3.7　平朔露天矿区1984年、2017年地表变化遥感影像

山西平朔矿区年降水量430～450mm，潜在蒸发量1800～2600mm，蒸发量是降水量的4倍以上。另外，矿区属典型的黄土丘陵地貌，地下水补给来源贫乏。根据安太堡、安家岭和东露天煤矿生产情况，煤矿从基建到生产以来，矿坑地下水涌水量较小，煤矿不设单独的地下水疏降工程。露天煤矿对水资源的影响在其全生命周期内可主要从三方面考虑：①露天矿建设期剥离土壤及岩石损失的包气带水和地下水储量；②煤矿生产期间地下水涌水量，地下水补给量减少量和矿坑拦蓄的地表水径流量；③露天矿停产后形成的矿坑积水造成的地下水蒸发损失量。

$$Q=\Delta S+D_G+\Delta R+Q_Z+Q_E \tag{3.21}$$

式中：Q为露天煤矿对水资源的影响量；ΔS为露天采矿剥离岩石和土壤破坏的原有包气带水和地下水储量；D_G为露天矿地下水涌水量；ΔR为矿区地下水补给量的减少量；Q_Z为矿坑拦蓄的地表水径流量；Q_E为矿坑积水造成的地下水蒸发损失量。

（1）露天开采剥离岩石和土壤对水资源的破坏。露天采矿一方面是剥离矿藏上的岩石、土壤，形成对原始地貌的挖掘过程；另一方面将剥离的岩石、土壤进行堆置，即人工堆垫地貌的建造过程。平朔露天矿目前采用的剥离—采

矿—复垦一体化工程技术，主要应用条带剥离、强化采矿、条带复垦及循环道路等先进技术。首先将矿区划分为若干区段，在每个区段中划分剥离条带，每年根据剥离量具体确定剥离位置及条带数量；然后，利用大型铲运机将剥离的条带岩石和表土剥皮式分开铲装，沿着循环道路运行，在复垦条带分别按顺序铺洒式排放，岩石排放在下部，表土排放在上部，并利用大型平地机进行平整，一次达到复垦的土地标准要求，实现采掘—运输—排弃—整形—复垦的良性循环。以安太堡为例，开采期间水平扰动面积 60km^2，垂直挖损深度 100～150m，垂直堆垫高度 30～150m。在露天矿区采掘—运输—排弃—整形—复垦过程中，平朔矿区地貌景观由原来的黄土缓坡丘陵逐渐变为平台与边坡相间的大型堆积体的正地形和剥离坑道及采坑等组成的负地形。露天采矿剥离破坏的包气带水和地下水的破坏量 ΔS 可按下式计算：

$$\Delta S=\theta H_u+S_y H_s \tag{3.22}$$

式中：θ 为土壤含水量；H_u 为剥离的包气带厚度；S_y 为含水层给水度；H_s 为剥离的含水层厚度。

（2）矿井涌水量。露天煤矿排水时，以露天采场为中心形成地下水降落漏斗，地下水由于压力释放，承压水转化为无压潜水，首采区涌水量可利用承压转无压公式计算：

$$Q=\frac{1.366K[(2H-M)M-h^2]}{\lg(R/r)} \tag{3.23}$$

式中：Q 为矿井涌水量；K 为渗透系数；M 为含水层（出水段）厚度；H 为初始水位；h 为疏干矿井中水位；R 为影响半径；r 为矿井等效半径。

（3）对地下水补给量的影响。露天采场形成后，由于原有地下水水位以上的土壤和岩石层被剥离，采场地下水水位变浅，增大了潜水蒸发损失，降水也不能形成有效的地下水补给。地下水补给量的减少量根据露天矿对地下水影响半径、降水量和入渗系数计算得出。影响的地下水补给量 ΔR 按下式计算：

$$\Delta R=\alpha PA \tag{3.24}$$

式中：α 为降水入渗补给系数；P 为降水量；A 为露天采场采空区面积。

（4）对径流量的影响。正常降水径流量 Q_z 计算公式为

$$Q_z=PA\varphi \tag{3.25}$$

式中：P 为降水量；A 为汇水面积；φ 为正常地表径流系数。

（5）地下水无效蒸发损失。露天煤矿停采后，在原采坑会形成一定的积水面积，地下水由潜水蒸发转化成了水面蒸发，地下水通过增大的蒸发量而造成的损失量 Q_E 可以用下式计算：

$$Q_E=(E_2-E_1)A_L \tag{3.26}$$

式中：E_2 为水面蒸发量；E_1 为矿区开采前潜水蒸发；A_L 为积水面积。

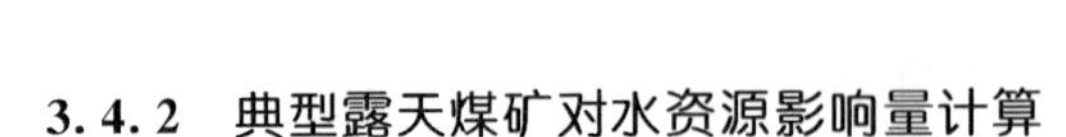

3.4.2　典型露天煤矿对水资源影响量计算

3.4.2.1　矿田基本情况

东露天矿田位于平朔矿区的东北部马关河与麻地沟之间，西部以马关河为界与安太堡露天矿扩采区为邻，北部是规划的梨园井田（张崖沟），东部为韩村井田，南部为马东井田。根据《国家发展改革委员会关于山西平朔矿区总体规划的批复》（发改能源〔2005〕891号），东露天煤矿东、南部境界以矿田勘探边界线作为4号煤层开采的边界线；西部与安太堡、安家岭露天矿的分界以不损失4号煤层储量为原则，以东露天矿田勘探边界线为4号煤层的开采边界线；东北部境界以4号煤层风、氧化边界线为4号煤层的开采边界线；北部境界以矿田勘探边界线作为4号煤层开采的边界线。主要可采煤层为4号、9号、11号煤层，煤层总可采厚度约39m，适合露天开采，近似境界剥离量8978Mm^3，平均剥采比5.39t/m^3。东露天煤矿于2006年开始筹建，2011年10月生产，生产能力为2000万t/a，2011年核定生产能力为2000万t/a，煤矿服务年限为75年。

3.4.2.2　矿田气象水文情况

该煤田气候分区属中温带季风气候区域，为典型的大陆性季风气候，其特点是冬季严寒、夏季凉爽、春季风大。年平均气温4.8～7.5℃，极端最低气温−32.4℃，极端最高气温37.9℃；年蒸发量为1786.7～2598mm；年平均风速2.3～4.7m/s，最大风速20m/s，一年中除夏季风速相对较小外，其他月份平均风速都在4m/s以上；年平均8级以上大风日数都在35天以上，风向多为西北风；年平均降水量428.2～449mm，最低195.6mm，最高757.4mm，7月、8月、9月三个月降水量占全年降水量的75%；初霜期最早为9月14日，终霜期为次年5月，最晚为6月7日；结冰日期最早为10月18日，解冻日期最晚为次年4月21日，最大冻土深度1.31m，最大积雪厚度26cm。

该矿田所处的平朔矿区属桑干河流域，海河水系。西有马关河，东有马营河，矿田内大的沟谷如下：

（1）南窑沟：分布于矿田北部，南北向展布，区内沟长约3500m，沟宽20～70m，平时干涸无水，只在雨季形成洪流，由南向北流出该区后汇入马营河。

（2）乔二家沟：分布于矿田东部，近南北向展布，全长约4700m，区内沟长约3700m，沟宽20～100m，平时干涸无水，只在雨季形成洪流，流向由南向北再偏东汇入马营河。

（3）蛇盘塔沟：分布于矿田西部，北东向展布，沟长约2500m，沟宽20～40m，平时干涸无水，只在雨季才形成洪流，流向由北向南再转西汇入马

关河。

(4) 四沟：分布于矿田中南部，北东向展布，沟长约3400m，沟宽20～50m，平时干涸无水，只在雨季时才形成洪流，流向由北东向西南汇入马关河。

(5) 李吉塔沟：分布于矿田南部，北东向展布，沟长约3200m，沟宽20～100m，平时干涸无水，只在雨季才形成洪流，汇入马关河。东露天矿首采区位于矿田较高的位置，矿坑位于乔二家沟和四沟分水岭。

3.4.2.3 矿田水文地质特征

(1) 奥陶系石灰岩含水层。岩性以浅灰色、灰色巨厚层状石灰岩为主，局部为薄层状硅质灰岩及泥灰岩，灰岩中岩溶发育极不均匀，为富水性强的区域性含水层。D701孔揭露本组地层101.10m，其中裂隙和岩溶较发育的含水段位于奥灰顶面以下10～42m之间，岩溶裂隙面光滑平整，沿裂隙面有时形成串珠状、蜂窝状溶洞，但连通性差，奥灰水位标高1102.26m，高出11号煤层底板11m；J4-02孔揭露奥灰100.65m，未见水位，水位标高低于1067.768m。该区除西南局部4号、9号、11号煤层底板低于奥灰水位外，其余大部分地区4号、9号、11号煤层底板均在奥灰水位以上。区内11号煤层最低标高1040.00m，奥灰水位采用1102.26m。根据计算，突水系数全部小于0.06MPa/m，正常情况下，煤层可以带压安全开采。

(2) 太原组砂岩含水层。太原组砂岩含水层富水性弱，属承压含水层，本组含水层分布于各煤层之间，从全区各孔的资料分析，主要有以下四个含水段。

1) 4号煤层与6号煤层之间的中、细粒砂岩，厚0～22.00m，平均厚6.32m，是太原组含水层中的主要含水段，该段在北部的3线和南部D802号、D604号钻孔附近较厚，均在10m以上。

2) 6号煤层与9号煤层之间，岩性以中粒砂岩、细粒砂岩为主，局部为粗粒砂岩，厚0～29.31m，平均厚8.13m，全区分布稳定，是太原组含水层又一个主要含水段。该段在东北部的D201号、D301号、D302号钻孔之间，厚达29m；其次在南部的D601号、D602号钻孔附近为一岛状分布区，厚12～25m；该段较薄的地方位于J405号、J4-03号孔的周围，厚仅2m左右。

3) 9号煤层与11号煤层之间的中粗粒砂岩，厚0～14.55m，平均厚2.64m，是太原组含水层的一个次要含水段，除J4-03号、C-07号孔较厚外，其余各孔都很薄。

4) 11号煤层以下，岩性以中、细粒砂岩为主，厚1.25～12.73m，平均厚5.20m。该段在D303号、D402号、D403号、D404号孔一线分布最厚，其次是J4-04号和501号孔附近，其他各孔无明显规律，是太原组含水层的一

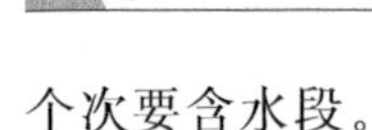

个次要含水段。

(3) 山西组砂岩含水层。山西组砂岩含水层富水性弱，属承压含水层，该含水层自上而下可以分成三个含水段，各段特征如下：

上段位于山西组地层顶部，岩性以中、细粒砂岩为主，局部为粗粒砂岩及粉砂岩，该段在该区中部的4线、5线不发育，在2线、3线、7线较为发育，厚2.21～11.75m，平均厚3.90m。

中段在区内分布稳定，岩性以中、粗粒砂岩为主，厚3.90～17.30m，平均厚5.61m，该段在J4-05、J5-04附近特别发育，厚17m左右，其余各孔的厚度介于2.25～8.30m之间。

下段位于山西组底部，岩性由中粒砂岩、粗粒砂岩和细粒砂岩组成，厚2.60～15.35m，平均厚5.76m，全区分布稳定，是4号煤层的直接充水含水层。

(4) 基岩风化壳含水层。主要由上、下石盒子组地层组成，该含水层全区分布较广，厚12.0～53.7m，一般厚15m左右，区内不少泉水均出自该层，最大泉流量可达5.6L/s，据D701钻孔抽水资料，单位涌水量$q=0.0005$L/(s·m)，渗透系数$K=0.00228$m/d，水位标高1341.95m。J4-02孔需9h抽干，J5-03孔仅需40min抽干。该层富水性较弱，属无压～微承压含水层。

(5) 第四系全新统冲洪积含水层。分布于区内较大的沟谷以及河床附近，呈条带状、透镜状分布，一般厚度为10m左右，水位埋深1.2～4.0m，岩性为砂砾石间夹少量黏土，孔隙发育，连通性好，透水性强，含水较丰富，为近地表的一个良好含水层。

主要隔水层包括石炭系中统本溪组隔水层、第三系上新统隔水层。

3.4.2.4　对水资源的影响量

东露天煤矿地处低山丘陵区，为典型的黄土高原地貌。地面高程1340.00～1470.00m，采掘面高程上组煤为1230～1280m，石炭-二叠系砂岩含水层水位标高1159.30～1260.00m，剥离地层主要包括第四系黄土和二叠系砂岩风化层，剥离包气带平均厚度195.5m，根据平朔矿区黄土土壤水力特性研究成果（王平等，2016），平朔矿区黄土含水率在8.4%～11.2%之间。包气带体积含水率按10%计算，破坏的包气带水为95267.15万m^3。

矿区石炭二叠系砂岩含水层厚度6.73m，孔隙度按0.05计算，破坏的地下水砂岩含水层储量为1967.72万m^3。煤矿煤炭可采储量137625万t，破坏的包气带水和地下水静储量合计为0.71m^3/t。

矿区年平均降水量为413.9mm，根据文献资料（陆伦等，2010），黄土沟梁区大气降水入渗补给系数按0.03计算，减少的地下水补给量为22.39万m^3，据矿方提供资料，矿坑涌水量为20万m^3。煤矿生产期间对地下水的破

坏量为 0.02m^3/t。

矿区径流系数按 0.2 计算，破坏的地表径流量为 403.39 万 m^3，即 0.20m^3/t。

综上，煤矿建设期间和正常生产期间对水资源的破坏量合计为 0.93m^3/t。由于煤矿停产后的矿坑积水面积暂时无法预测，煤矿停产后的长期影响量暂未考虑在内。

按上述计算方法对安家岭露天矿采煤对水资源影响进行测算，与东露天矿测算结果进行比较验证。安家岭露天矿含煤地层为石炭系中统本溪组、石炭系上统太原组和二叠系下统山西组。其中本溪组和山西组煤层层数少、厚度小，无开采价值，仅太原组为可采煤层。主要可采煤为 4 号、9 号和 11 号煤，平均厚度约 29m，埋藏深度为 100～200m，露天矿原设计开采原煤量 1630Mt，年生产能力 15Mt，服务期限为 98 年。

根据东露天矿研究成果，露天矿对地下水静储量的破坏量和地下水涌水量仅占很小部分，安家岭露天矿和东露天矿自然条件类似，仅考虑岩土剥离对包气带水的影响和对径流的影响。地层比例厚度按 200m 计算，包气带体积含水率按 10%计算，破坏的包气带水体积 109530.20 万 m^3，破坏的包气带水静储量为 0.67m^3/t。矿区径流系数按 0.2 计算，破坏的地表径流量为 453.24 万 m^3，按煤矿生产能力 15Mt 测算破坏地表径流量为 0.30m^3/t。安家岭露天矿煤矿建设期间和正常生产期间对水资源的破坏量合计为 0.97m^3/t，吨煤影响系数与东露天矿基本一致。根据白中科等（1999）对安家岭露天矿岩土剥离测算结果，安家岭矿地层剥离深度为 150～200m，其中黄土约 50m，年均剥离岩土 7317 万 m^3，按剥离岩土体积测算总破坏包气带水体积为 71706.6 万 m^3，考虑到黄土和下部地层含水率应存在差异，两种测算结果基本一致。

3.5 典型矿区采煤对地下水影响分析

在深入分析山西省煤矿床水文地质类型及其特征、煤矿床充水条件、矿井排水工程类型与模式、煤矿区环境地质及水化学场特征，以及主要污染源类型及分布等基础上，分析煤矿区不同煤炭开采阶段和矿井排水强度对典型区域地下水流动和水岩相互作用的影响过程，识别矿坑水来源及分项比例，揭示煤矿区地下水系统中水质水量的协同变化机理；建立煤矿区地下水量-水质数值模型，预测矿井排水对地下水数量和质量的长期影响和变化趋势，与矿井排水监测和计量相互校核，可为山西省煤矿井排水管理和综合利用、地下水资源的可持续利用和有效调控提供科学依据。

在矿区水文地质条件分析和水文地球化学场分析的基础上，综合分析矿坑

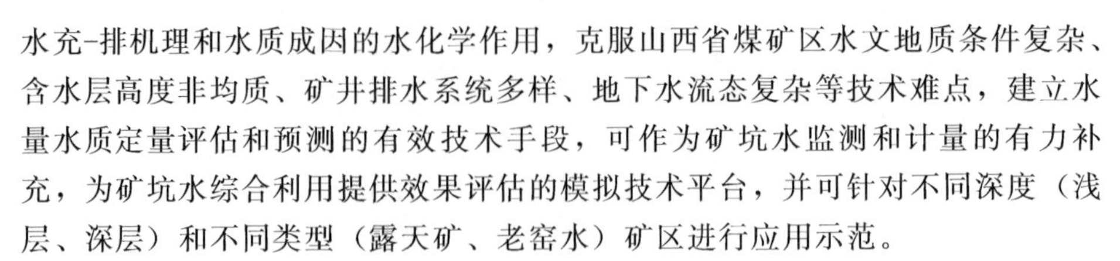

水充-排机理和水质成因的水化学作用，克服山西省煤矿区水文地质条件复杂、含水层高度非均质、矿井排水系统多样、地下水流态复杂等技术难点，建立水量水质定量评估和预测的有效技术手段，可作为矿坑水监测和计量的有力补充，为矿坑水综合利用提供效果评估的模拟技术平台，并可针对不同深度（浅层、深层）和不同类型（露天矿、老窑水）矿区进行应用示范。

在矿井涌水量不同计算方法中，数值法相对比较准确可靠，但其要求数据、参数较多，模型建立和校核过程费时较长，不可能用于所有煤田的涌水量计算。此次研究以晋祠泉域内的西山矿区为典型矿区，采用数值法开展了典型案例研究，对矿区涌水量进行了模拟计算，并基于观测涌水量进行了验证。

3.5.1　西山矿区基本情况

西山煤田为我国重要的炼焦煤基地，是山西省六大煤田之一，位于山西省中部的吕梁山东麓太原市往西 15km 处，东南邻太原～晋中盆地，跨太原市尖草坪区、万柏林区、晋源区、娄烦县、清徐县及吕梁地区交城、文水县境和整个古交市。

此次研究选择西山煤田在晋祠泉域内的煤矿区，即西山矿区作为研究对象，开展矿区采煤对地下水的影响分析。根据《晋祠泉域煤矿基本情况调查报告》（太原市水务局，太原理工大学水资源与环境地质研究所，2013），西山矿区 2011 年整合后共有煤矿 53 座，产能 6809 万 t/a，平均吨煤排水系数为 $0.71m^3/t$。

3.5.1.1　自然地理环境条件

（1）地形地貌。晋祠泉域由山区和平原区两部分组成，全区地势总趋势是：西北高东南低，山区与盆地平原区地形突变，两者直接相接，边山洪积扇呈裙状起伏，扇小而坡降大。依据成因与形态特征，山区属于剥蚀构造地形，盆地平原区分洪积倾斜平原和冲洪积平原堆积地形。

山区属于吕梁山脉东翼，西北高东南低，面积约 $1771km^2$，海拔在 900～1500m，相对高差一般为 300～500m。灰岩裸露区主要分布于泉域北部，为典型的北方岩溶地貌，岩溶裂隙发育，可见溶洞、溶孔、岩溶洼地，东西部边缘地区也有零星出露，但面积很小，构不成独立的岩溶地貌。泉域中部和南部被晚古生代砂页岩覆盖，局部可见中生代地层和黄土。

平原区分布于吕梁山脉以东，汾河以西的太原盆地，由西向东依次为山前倾斜平原（包括大小不等的冲洪积扇），逐渐过渡到汾河冲积平原，面积约 $259km^2$，海拔在 780～850m。主要由新生界松散沉积物组成，地表多为亚砂土，局部为砂土和黏土。

（2）气象。该区属典型的温带半干旱大陆性季风气候，干旱多风、雨量集

中、蒸发强烈、四季分明、昼夜温差大及无霜期短为其典型特征。

区内多年（1956—2012年）平均降水量为462.4mm。降水量的年际、年内及地域分布极不均匀，最丰水年的降水量是最枯水年的3倍多，年内60%的雨量集中在汛期6—9月。降水量的地域分布特征，一般为山区大于盆地，西部大于东部，中部大于北部和南部。石千峰至庙前山一带为暴雨中心。

区内多年平均蒸发量1871.8mm（20cm观测皿观测值）。多年平均气温8.1℃，7月最高，平均为22.8℃，极端最高气温39.4℃；1月最低，平均为−6.3℃，极端最低气温−25.5℃。平均相对湿度60%，最大冻土层厚1.1m，无霜期160天左右。主导风向冬春为西北风，夏秋为东南风。

（3）水文。区内河流属黄河水系，水系较为发育，汾河是流经本区最大的河流，还分布有天池河、屯兰川、狮子河、原平川、大川河、梵石沟、磨石沟、玉门沟、虎玉沟、冶峪沟、风峪沟、柳子沟、白石沟等多条季节性河流，均为汾河的一级支流。区内属汾河上游河段，区内河谷宽度一般为600～700m，最宽处古交至河口间达1000m，河口以下至兰村出口处最窄，为100～200m，河川宽30～80m。

据汾河水库水文站1959—2012年实测流量资料统计，汾河河道多年平均来水量分别为9.16m^3/s，最大年平均流量为27.2m^3/s（1967年），最小年平均流量为2.35m^3/s（2007年）。20世纪80年代以前年平均流量为12.1m^3/s，80年代以后年平均流量为7.28m^3/s，2000年以后年平均流量为5.01m^3/s。综上，20世纪80年代之后河道来水量呈减少态势。

3.5.1.2 地质及构造

泉域地层出露比较齐全。新生界地层除在太原盆地大面积出露外，山区则多零星分布于山坡和山间河谷，太原盆地堆积厚度可达3000m。中生界地层出露于西山石千峰以西，面积不大，厚度90～100m。古生界二叠系砂页岩广泛出露于西山中南部地带，厚度1074～1227m；石炭系为一套海陆交互相沉积建造，出露于中部汾河河谷及边山地带，厚度85～172m；寒武系及奥陶系碳酸盐岩大面积出露于北部山区及西部边缘地带，厚度680～910m。元古界震旦系出露于娄烦县白家滩—交城县东社一带，沿狐爷山山字形构造走向呈条带状分布。本区最古老的地层为一套变质岩系，厚度大于1000m，出露于本区的北部及西部地带。

晋祠泉域在各构造运动时期，遭受强烈的构造变动，形成不同规模、不同形态的褶曲和断裂，这些褶曲和断裂纵横交错，彼此切割，构成复杂的裂隙岩溶网络，为地下水运动、储存和排泄提供了良好的条件。区内主要较大的控制性构造是马兰向斜、石千峰向斜和孤偃山隆起带；主要断裂构造为龙尾头构造带、古交断层带、山前大断裂、王封地垒等。

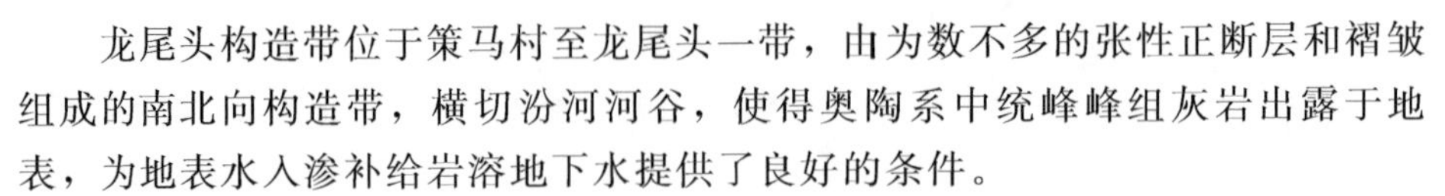

龙尾头构造带位于策马村至龙尾头一带，由为数不多的张性正断层和褶皱组成的南北向构造带，横切汾河河谷，使得奥陶系中统峰峰组灰岩出露于地表，为地表水入渗补给岩溶地下水提供了良好的条件。

古交断层带呈组出现，共计有5条断层，均呈NE—SW向，其中两条构成地垒形式，位于梁庄村经古交镇至河口村，穿越汾河，其断距一般为25～50m，属张性正断层。该断层组是地表水补给地下水的良好通道。

王封地垒展布于随老母村、王封镇、下水峪村一线，由两条近于平行的正断层组成，走向NE60°～70°，延长16km，断距一般为20～65m。王封地垒直接波及奥陶系灰岩，这给大气降水入渗补给岩溶水创造了良好的条件。

山前大断裂由一系列NNE向和NEE向的压性、压扭性断裂组成，延伸长达82km，构成了太原断陷盆地的西界，该断裂至少有三级，呈阶梯状，一般断距100～800m，最大断距可达3000余米，该断裂带为一侧阻水，其内侧为富水地段。同时该断裂带为太原西山岩溶水排泄边界。

3.5.1.3　水文地质条件

晋祠泉域内分布有变质岩类裂隙水、碳酸盐岩类岩溶裂隙水、碎屑岩类裂隙孔隙水和松散岩类孔隙水等。变质岩类裂隙水分布于西部以及北部地区，碳酸盐岩类岩溶裂隙水和碎屑岩类裂隙孔隙水广泛富集于西山中部地区，松散岩类孔隙水广泛分布于太原断陷盆地区和山区的山间河谷地区。

(1) 岩溶含水岩组。组成岩溶含水岩组的岩类是寒武系、奥陶系碳酸盐岩，其中奥陶系中统是主要的含水岩组，分布于本区的北部、西部，在东部边山地带也有零星出露。根据岩性和沉积旋回，奥陶系中统可分为三个组八个岩性段。三个含水组主要分布于石灰岩发育的岩性段，即峰峰组上段（O_2f^2）、上马家沟组的中段、上段（O_2s^{2+3}）以及下马家沟组中段、上段（O_2x^{2+3}）。三个相对隔水层主要分布在泥灰岩、角砾状泥灰岩、角砾状白云质灰岩及次生脉状石膏夹层的岩性段，即峰峰组下段（O_2f^1）、上马家沟组的下段（O_2s^1）以及下马家沟组下段（O_2x^1）。以上三个含水岩组在质纯的石灰岩段，岩溶裂隙发育、含水丰富，随着埋深的增加，奥陶系下统（O_1）及寒武系上中统（$\in_{2+3}$）地层的岩溶发育程度随之减少，含水性也随之减弱。

1) 峰峰组（O_2f^2）含水岩组。该层为此区重要的含水层之一，岩性以深灰、灰黑色石灰岩为主，中夹灰黄、灰白色泥灰岩。地表露头区常剥蚀不全，据钻孔揭露，最大厚度为70多米；岩溶水主要含水岩段，一般位于从奥陶系侵蚀面以下20余米至第一泥灰岩石膏带（O_2f^2）顶板止。大部分地区层位稳定，埋藏较浅，地下水补给条件较好。由地面观察和钻孔揭露，该段岩溶裂隙发育，钻孔所见岩溶以溶孔为主，一般溶孔直径为5～20mm，常呈蜂窝状、水蚀现象严重，富水性好，水量丰富。古交市西曲煤矿水源勘探中曾发现有

0.1～1.91m 的溶洞。由于岩溶裂隙发育不均匀，富水性也有很大的差异。钻孔单位涌水量为 0.0012～25.54L/(s·m)，一般在 1～8L/(s·m) 之间。水化学类型在靠近西北、北部的补给区为重碳酸-硫酸～钙-镁型水，向东至边山一带则变为硫酸-重碳酸～钙-镁型水，矿化度也随之增高，为 0.218～1.035g/L，pH 值为 7.3～8.2，水温为 10～20℃。

2）上马家沟组（O_2s^{2+3}）含水岩组。该层是区内中奥陶石灰岩岩溶水主要的含水岩组，在古交一带，含水层主要发育在上马家沟组的上段（O_2s^3）。该层岩性以深灰色厚层石灰岩为主，中夹薄层浅灰色、灰黄色泥灰岩、泥质灰岩及角砾状石灰岩等。该层层位稳定，一般厚 90～100m 左右。岩溶裂隙多发育于该层中部质纯石灰岩中，其底板厚层的豹皮状灰岩（O_2s^2）为当地相对隔水岩层。据古交钻孔所见，岩溶裂隙发育，岩溶呈串珠状、蜂窝状、网格状，尤以沿裂隙发育的串珠状岩溶更为显著。岩溶直径一般为 5～15mm，最大达 50mm，且相互贯通，透水性良好，水量丰富。钻孔单位涌水量一般为 1.32～11.91L/(s·m)，个别钻孔达 36.00L/(s·m)。但岩溶裂隙发育很不均匀，在石灰岩埋藏较深径流条件不好的地区，钻孔单位涌水量为 0.0004L/(s·m)，渗透系数仅为 0.0025m/d。

地下水的流向与上层水的流向基本一致，水质普遍较好。北、西北部补给区为重碳酸-硫酸～钙-镁型水，在古交附近局部、古交地垒以南及西南部地下水径流条件不佳的地区，以及边山断裂附近的排泄区则变为硫酸-重碳酸～钙-镁型水及硫酸～钙-镁型水，矿化度 0.286～2.292g/L，一般小于 0.5g/L，pH 值为 7.3～8.1，水温为 10～19℃。

3）下马家沟组（O_2x^{2+3}）含水层组。该层也是太原西山东部地区的主要含水层，岩性以灰黄色泥灰岩及深灰色石灰岩为主，中部及西部因其顶板埋深约在 400～500m 以上，岩溶裂隙一般不发育，但也有例外，如古交市河下村 C－39 号孔 O_2x^2 顶板埋深 436m，石灰岩厚度为 36m，仍有岩溶发育。含水层厚 4.16m，经抽水证实，钻孔单位涌水量为 0.026L/(s·m)，渗透系数 1.43m/d，说明径流条件尚好，也具有一定水量。

4）奥陶系下统亮甲山组（O_1l）含水层组。该层为厚～巨厚层状白云岩、白云质灰岩，在野外剖面中见到溶孔、溶洞或洞穴。

冶里组（O_1y）为薄层状白云岩、白云质灰岩，富水性弱，可视为隔水层。

5）寒武系上、中统（$\in_{2+3}$）含水组。张夏组（$\in_2z$）为灰色鲕状灰岩，碳酸钙含量较高，为巨厚～厚层状，在野外剖面中可见到溶蚀洞穴现象。凤山组（$\in_3f$）岩性以灰白色巨厚层状粗晶的白云岩为主，野外剖面上见到有较多溶洞和溶孔。本层由于埋藏较深，只有少量钻孔见到，岩溶裂隙不发育，透水性差。钻孔单位涌水量为 0.021～0.531L/(m·s)，水位标高 804.19～854.94m，水化学类型为重碳酸-硫酸～镁-钠型及硫酸-重碳酸～钙-镁型水。

(2) 地下水补径排分析。由于地质构造原因，晋祠泉域可分为三大区域，一是以汾河为界北部区域为奥陶纪石灰岩裸露区，其中零星分布有第四纪黄土堆积。该区裂隙发育，为良好地下水补给区。二是汾河以南及边山断裂带所围区域，表层为石炭二叠纪碎屑岩覆盖区，该区厚度由北向南逐渐增厚。由于受到区内马兰向斜和NE方向的石千峰向斜轴部低于两翼200～400m影响，泉域西南部奥灰层深埋，岩溶不发育，形成地下水滞流区。三是泉域东部和东南部，特别是王封、白家庄、开化、晋祠一带，位于石千峰向斜东翼，使奥灰埋深变浅，同时受到NNE向断裂带的影响，奥灰岩溶发育，形成泉域东部地下水强径流带，在边山断裂带发育的北东走向深大断裂，使得奥陶系灰岩直接与太原盆地内第三、第四系细粒沉积物接触而形成阻水屏障，形成晋泉、平泉等天然排泄点。

晋祠岩溶水系统地下水的补给来源主要有三部分，第一个补给源是汾河以北大片裸露的奥陶系灰岩接受的降水补给，渗入灰岩的降水，越过汾河，由潜水转变为承压水，补给泉水，是晋祠泉的主要补给区。第二个补给源为汾河渗漏补给，汾河的渗漏补给分两段，其一是罗家曲—镇城底渗漏段，全长约20km；其二是古交镇—寺头村（一部分位于兰村泉域），全长35km。第三个补给源为上覆煤系地层地下水的越流补给。

晋祠岩溶水排泄区除以晋祠泉、平泉为天然排泄点以外，还以潜流的形式向太原盆地排泄少部分水量。另外，由于兰村泉的过量开采，导致兰村泉地下水水位低于晋祠泉，使一部分地下径流补给兰村泉域。

奥陶系灰岩为主要含水层，广泛裸露于古交汾河以北区，以南则深埋于马兰～石千峰复向斜碎屑岩层之下，其岩溶形态主要为溶蚀裂隙和溶孔，也有部分溶洞及陷落柱。随着埋藏深度的增加及上覆地层厚度的增加，岩溶发育程度随之减弱。由于构造的控水作用，地下水流动复杂，在垂向上具有多层网络式散流运动，在水平上具有多级跌水式多向混流特征，总体上具有峰峰组弱、上下马家沟组强，补给径流区弱、排泄区强，裸露型灰岩河谷区强于覆盖性岩溶区的特点。

(3) 含水层富水性特征。西山裂隙岩溶水系统富水性受区域地层岩性、地形地貌和地质构造的控制，从补给区到径流排泄区，沿边山断裂带由北向南，垂直方向上从三叠系、二叠系至石炭系、奥陶系，具有明显的变化规律。

汾河以北的补给区，岩溶含水层富水性较差，单井涌水量一般小于$500m^3/d$。汾河至西山山前径流区，单井涌水量$1000～2000m^3/d$，中等富水。排泄区即西边山断裂带，富水性激增，单井涌水量为$5000～36000m^3/d$。沿西

边山断裂带，白家庄、开化沟、晋祠至平泉形成一强富水段，白家庄单井涌水量为5000m³/d，开化沟单井涌水量为8500m³/d，晋祠为12000m³/d，洞儿沟为12500m³/d，平泉单井涌水量高达36000m³/d。

垂直方向上，三叠系、二叠系含水层富水性较差，单井涌水量一般小于300m³/d。石炭系灰岩及砂岩含水层富水性较好，在构造有利部位单井涌水量可达1500～2000m³/d，但水质较差，很少开发利用，为西山煤田矿坑充水的主要充水水源。20世纪80年代以来，西山煤田大规模开发，矿坑大量排水，石炭、二叠系含水层被大面积疏干。下伏奥陶系岩溶水富水性一般均强于其他含水层，峰峰组含水层在区内的平面分布、厚度、水位、水质及富水性等差异较大，北部补给山区缺失，径流区一般小于500m³/d，排泄区由于断裂构造的沟通，和上下马家沟组形成统一的岩溶水水位，其富水性趋于一致。

（4）地下水水化学特征。晋祠泉域岩溶水从补给区到径流排泄区，水温、矿化度、水化学类型等呈现明显的变化规律。矿化度由0.218g/L增至4.5g/L，水化学类型由重碳酸型逐渐过渡为重碳酸-硫酸型、硫酸-重碳酸型、硫酸型和硫酸-氯化物型。

沿西边山断裂带，开化沟至晋祠段岩溶水水质明显好于南部，说明该段岩溶水循环交替作用强烈，而南部相对较慢，至交城段基本处于滞流状态。自平泉自流井建成以来，大量释放了岩溶水系统的储存量，加快了该区段岩溶水的水循环，水质明显趋于好转。

3.5.2 矿井水充-排影响因素分析

水文地质条件构成矿坑水循环的介质环境和充水途径，实际矿坑水的排水受充水水源、充水矿井采矿方式、矿井排水系统设计及施工质量等因素影响，导致在类似的水文地质条件下不同矿井的排水量存在很大差异。

在山西省煤矿地质、水文地质、气候及地形研究的基础上，研究包括大气降水、地表水、地下水和老窑积水在内的矿坑充水来源、水源特点及影响因素；结合山西煤矿区矿床覆盖层的透水性、透水围岩的出露条件、含水构造条件和采矿方法等，研究影响矿井充水及排水水量大小的因素；综合不同的水源特征及矿井充-排水条件因素，研究山西省不同类型矿坑水充-排模式及其分类，并为矿坑水水量水质模拟概念模型的构建提供科学依据。

区内最重要的岩溶含水层为寒武—奥陶系碳酸盐岩，华北地台在中奥陶世后期，整体抬升为陆地并经历了1亿多年的风化剥蚀过程，到中石炭世后，进入了海陆交互的成煤期，沉积了石炭—二叠纪煤系地层，使得煤系地层与中奥陶统碳酸盐岩呈不整合接触，一般下层煤与岩溶含水层的垂直距离为20～60m，构造裂隙、陷落柱、采煤过程中形成的裂隙等通道以及矿坑排水进入碳

酸盐岩区的渗漏使岩溶水与煤系地层地下水间产生直接或间接的联系，构成了“水煤共存”系统。这些系统内的煤矿开采对岩溶水在数量和质量方面均会产生不同程度的影响。

根据《晋祠泉域煤矿基本情况调查报告》，煤矿整合前，1998年晋祠泉域共有煤矿485座，井田面积约563.70km^2；其中，万柏林区138座煤矿，晋源区67座，清徐县35座，古交市245座。2006年，泉域共有煤矿275座，井田面积563.70km^2；其中，万柏林区78座煤矿，晋源区56座，清徐县26座，古交市113座，娄烦县2座。主要开采山西组1号、2号、3号、4号和太原组6号、7号、8号、9号煤层。煤矿整合后，2011年泉域共保留煤矿53座，其中整合矿井41座，未参与整合矿井12座；泉域内万柏林区7座煤矿，晋源区4座，清徐县9座，古交市32座，娄烦县1座。

山西煤矿大多分布于基岩山区，水文地质环境复杂，导致矿井充水条件差异悬殊，补排条件多复杂。在矿井排水水量水质模型中模型空间接口、模型参数及边界条件概化方面，非确定性因素多，也是造成模型误差的主要来源，主要体现在以下几个方面：

(1) 矿区含水介质非均匀性突出，地层孔隙、风化裂隙、构造裂隙、构造断裂及岩溶通道、采矿造成的岩石裂隙、旧钻孔等都可能成为矿井充水的途径和通道，参数的代表性难于解决。

(2) 矿井排水系统的模型准确刻画难度大，矿山井巷类型与空间分布千变万化，开采方法、开采速度与规模等生产条件复杂且不稳定，与地下水源地供水的取水建筑物简单、生产条件稳定形成鲜明对比，加之很多矿区缺乏详细的采煤井巷和工作面的分布图件，水量水质模型中难以对矿井排水系统的空间分布进行准确刻画，给矿坑排水量预测带来诸多不确定性因素。

(3) 矿井大降深排水下的复杂流态，矿坑排水多是大降深，大降深疏干又必然导致矿区水文地质条件的严重干扰与破坏；其破坏强度又比较难于预料与定量化。地下水流态复杂，常出现紊流、非连续流与管道流，这与地下水水源地供水小降深采水有明显差异，使用供水时的计算理论与方法，通常难以满足要求。

总之，矿井排水定量评估过程中的三大要素——边界、结构与流态复杂，定量化难度大。加之矿井区水文地质勘查工作的细度往往不够，矿床地质调查中，一般对水文地质工作投入的技术条件较差、投资少、工程控制程度低，在客观上也给矿井排水量的预测带来较大困难。山西省煤矿区的以上特点，决定了矿坑排水定量研究中存在诸多产生误差的客观条件。为了提高矿井排水的评估精度，首先应查明矿坑充水水源、充水途径、主要充水岩层的水文地质参数等，其次建立准确的水文地质模型和运用合适的计算方法。

3.5.3　矿区地质模型

已有针对矿区内煤矿涌水量的计算模型多是就矿论矿，针对单个煤矿进行涌水量计算，虽然能详细考虑煤矿内地质和水文地质条件等对矿井涌水量的影响，但忽略了作为一个地下水系统内部各矿井之间的联系。已有的西山矿区区域性的地下水流模拟工作（刘海涛，2005）仅模拟了煤炭开采对岩溶水的影响，模拟了奥灰岩溶水二维渗流，模拟分析了古交中学北水源地开采、马兰煤矿和白家庄煤矿疏降排水对奥灰含水层的影响，并没有模拟计算采煤对裂隙含水层地下水资源的破坏。

对矿区内采煤对地下水资源破坏的模拟分析必须同时考虑裂隙含水层和奥陶系灰岩含水层的地下水系统，因此，建立矿区内三维地质结构模型是分析各含水层的空间展布、含水层之间的接触关系、建立矿区三维水流模型的基础。在矿区范围内收集地质勘探孔钻孔柱状图，涵盖主要煤矿。并根据地质剖面图、奥陶系灰岩含水层出露区分布情况，添加虚拟钻孔 71 个，构建了矿区三维地质结构模型，见图 3.8 和图 3.9。

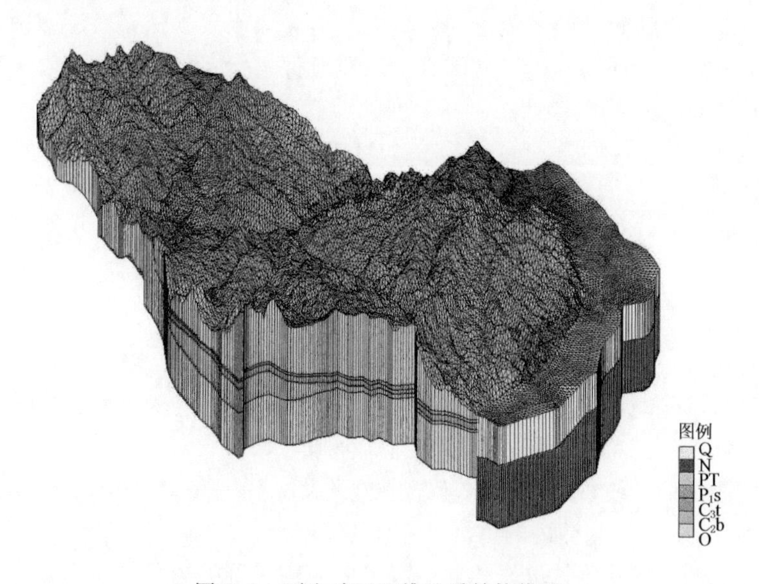

图 3.8　西山矿区三维地质结构模型

Q—第四系；N—第三系；PT—二叠系上、下石盒子组；P_1s—山西组；C_3t—太原组；C_2b—本溪组；O—奥陶系

3.5.4　水文地质条件概化

本书详细调查和收集了包括矿区及周边的工程测绘和水文地质条件，包括

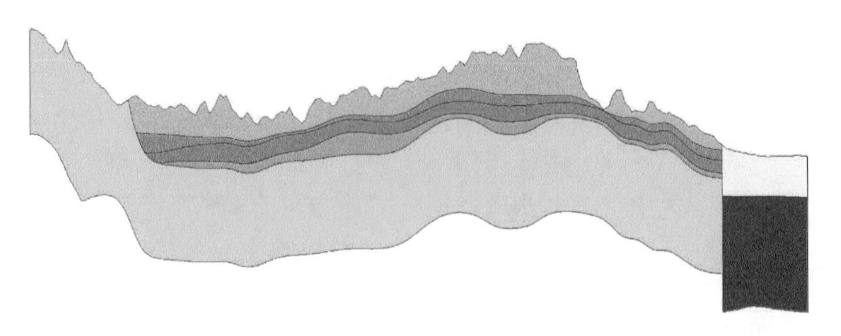

图3.9 三维地质模型古交至晋祠地质剖面地层分布

配套的工程钻探和抽水试验、微水试验成果，内容主要包括：收集调查矿区周边的气象条件，包括降水量、蒸发量；矿库周边的地表水体特征，主要为汾河的渗漏情况；矿区周边地区地形地表资料收集；矿区煤层开发历史信息、工程测绘信息及巷道和工作面分布情况，封闭矿井的分布情况；矿区周边基岩及围岩的渗透特征，裂隙发育特征，围岩与煤层的接触关系；矿区底部及下游不同含水层的岩性特征，水力渗透特征及与矿井的接触关系；矿区进行的抽水试验，微水试验、弥散试验等成果，获取尾矿周边含水层渗透系数、弥散参数等水文地质参数。在此基础上对矿区水文地质条件进行了概化，并建立矿区地下水流数值模型。

1. 地下水开采

1961年TYHXGYJT公司在晋祠附近开凿5眼深井开采岩溶水，其开采量达0.57m^3/s；1968年又在开化沟开凿3眼深井开采岩溶水，岩溶水开采量由1962年的0.57m^3/s增加到1970年的0.84m^3/s，致使泉水流量由20世纪50年代的1.99m^3/s下降到1970年的1.54m^3/s。1977—1978年，清徐县建成平泉和梁泉两处自流井群，共14眼深井，最大自流量达1.03m^3/s，1979年南郊洞儿沟自流井建成，最大自流量达0.125m^3/s。20世纪70年代以来，太原地区持续干旱，沿西边山断裂带陆续开凿24眼农灌井，开采岩溶水。泉域内岩溶水的大量开采，使得晋祠泉水流量急剧下降，由1971年的1.3m^3/s下降到1980年的0.8m^3/s，泉域内的鱼沼、善利两泉断流。

进入20世纪80年代以来，西山煤矿的大规模开采，矿坑排水量骤增，加快了晋祠泉流量的衰减速度。XSKWJBJZ煤矿2号井，在井下利用勘探孔开采岩溶水，4个孔总计最大开采量14240m^3/d。同时，西山矿区的大规模开发和建设，使矿井排水量大幅度增加，由1980年的0.22m^3/s增加到1988年的0.72m^3/s。到1989年，区内工农业岩溶水开采井67眼，开采量为9万m^3/d，相当于1.04m^3/s。其中，工业及城市生活开采井22眼，开采量为4.8万m^3/d，相当于0.55m^3/s；农业及农村生活开采井45眼，开采量为4.3万m^3/d，相

当于 0.49m^3/s。泉流量由 1980 年的 0.8m^3/s 减至 1990 年的 0.3m^3/s 左右，同年 6 月下旬泉流量减少为 0.168m^3/s，在晋祠泉群中，难老泉 10 个分水孔中的 3 个孔断流。至 1992 年为 0.14m^3/s，到 1994 年 4 月 30 日，千古名胜难老泉终于不堪重负，出现断流。

近几年，在边山断裂带以东至汾河谷的承压区打了很多眼热水井，开采深埋岩溶水，可能袭夺泉域岩溶水。另外，泉域外交城县工农业开采岩溶水，也可能向东袭夺泉域岩溶水。太原盆地孔隙水开采增加导致盆地孔隙水水位下降，增大泉域东部边山地带的水力梯度，引起岩溶水向盆地潜排量的增加。据太原市水利局资料，岩溶水向太原盆地的侧排量在 20 世纪 80 年代以前为 0.7m^3/s，80 年代后逐渐增大，到 90 年代后期达到 1.2m^3/s。

2. 边界条件概化

北部及西北部边界以变质岩系为边界，概化为流量边界；西南边界位于孤堰山、寨儿坡、岭底村至山前大断裂，该线与岭底向斜轴吻合，具有滞流作用；东部与南部边界以山前大断裂为边界，为排泄边界，概化为流量边界。东北部以北石槽背斜至三给地垒与兰村泉域为界。

3.5.5 矿区水流数学模型

矿井排水影响因素复杂，应根据不同代表性矿区的具体水文和地质条件，选用不同的矿井排水评估方法。常用的矿坑排水评估方法有水文地质比拟法、涌水量曲线方程法、水均衡法、解析法、数值法、时间序列分析法等。其中水文地质比拟法只是一种近似的、粗略的预测方法，只适用于稳定流，且水文地质条件比较简单、矿坑充水量不大、精确度要求不高、水文地质工作程度较低的矿山，或同一矿山延深开采或扩大开采时的排水量预测。涌水量曲线方程法是利用建立在抽水试验基础上得到的 $Q-S$（涌水量-降深）曲线方程，来外推未来矿井设计水位的排水量。因此，涌水量曲线方程法和水文地质比拟法一样，要求实验场地与预测场地的水文地质条件相近，或者在要开采场地实验，上述要求比较难以达到。水均衡法是根据开采区地下水的收支平衡关系来预测总排水量的方法，适用于地下水形成条件比较简单的矿区，当矿井处于开采条件时，地下水均衡项的测定有一定的困难。解析法以井流理论和用等效原则构造的大井法为主，适用条件太过理想，实际中很少有这种煤矿，这给解析法的发展带来难以克服的困难。数值法是利用地下水渗流数学模拟的方法，能反映复杂矿区水文地质条件下含水层平面上和竖立方向上的非均质性、多个含水层间越流补给问题、“天窗”和河流的渗漏问题，以及复杂边界条件等各种因素的影响，是目前矿坑排水量计算较完善的一种方法，其优点十分明显，不仅克服了复杂的矿区水文地质条件和疏干排水条件等问题，而且计算精度也达到了较高水平。但数值法对水文地质资料的要求较高，需摸清含水层性质、特征、埋藏分布、补给、越流、排泄以及边界等。

结合山西省不同类型矿坑充水模式及其分类，选择代表性矿坑分析煤矿坑疏干排水对地下水系统的影响，阐明煤矿开采区地下水循环规律，构建煤矿区地下水系统的水文地质概念模型，结合含水层系统结构的空间分布特征，建立地下水流动与水质运移的高仿真数值模型，结合地下水水位观测数据定量分析矿坑排水量，以及矿坑疏干排水对地下水循环和水环境的影响，模拟预测区域或典型区地下水流动与水质运移的变化规律。

地下水流模型主要用于模拟煤矿开采对矿区周边地下水水位和地下水动态造成的影响。考虑具体矿井位置、深度，以及矿区地下水补给范围确定模型模拟空间范围，并根据具体水文地质条件和地下水补排特征，确定模型网格剖分结构、边界条件和源汇项。根据具体矿区的地下水监测时段和监测频率，确定地下水模拟期和初始条件。矿区地下水流可用如下微分方程的定解问题描述：

$$
\begin{cases}
\dfrac{\partial}{\partial x}\left(K_x(h-z)\dfrac{\partial h}{\partial x}\right)+\dfrac{\partial}{\partial y}\left(K_y(h-z)\dfrac{\partial h}{\partial y}\right)+\dfrac{\partial}{\partial z}\left(K_z(h-z)\dfrac{\partial h}{\partial z}\right)+q_w=0 \\
\dfrac{\partial}{\partial x}\left(K_x\dfrac{\partial h}{\partial x}\right)+\dfrac{\partial}{\partial y}\left(K_y\dfrac{\partial h}{\partial y}\right)+\dfrac{\partial}{\partial z}\left(K_z\dfrac{\partial h}{\partial z}\right)=0 \\
h(x,y,z)=h_1 & x,y,z\in\Gamma_1 \\
K_n\dfrac{\partial h}{\partial \vec{n}}\Big|_{\Gamma_2}=q(x,y,z,h) & x,y,z\in\Gamma_2 \\
K_n\dfrac{\partial h}{\partial \vec{n}}\Big|_{\Gamma_3}=K_n\dfrac{h_0-h}{b} & x,y,z\in\Gamma_3
\end{cases}
\tag{3.27}
$$

式中：h 为含水层水位标高，m；K_x、K_y、K_z 分别为水平方向和垂向上的渗透系数，m/d；K_n 为边界面法向上渗透系数，m/d；h_1 为水头边界上水头分布，m；Γ_1 为水头边界；Γ_2 为流量边界；$q(x,\ z,\ h)$ 为流量边界单宽流量，m/d，隔水边界为 0；Γ_3 为 Cauchy 边界；q_w 为源汇项。

根据具体矿区的水流特征，通过对上述方程进行调整或简化，建立矿坑水水量模型。

考虑到西山煤田地层接触关系复杂，特别是奥陶系出露区，传统的结构化模型网格难以有效处理二叠系地层的尖灭现象，因此本书将地质模型地质体转换成 MODFLOW - USG 无结构化模型网格（图 3.10），对上述方程采用有限体积法求解。

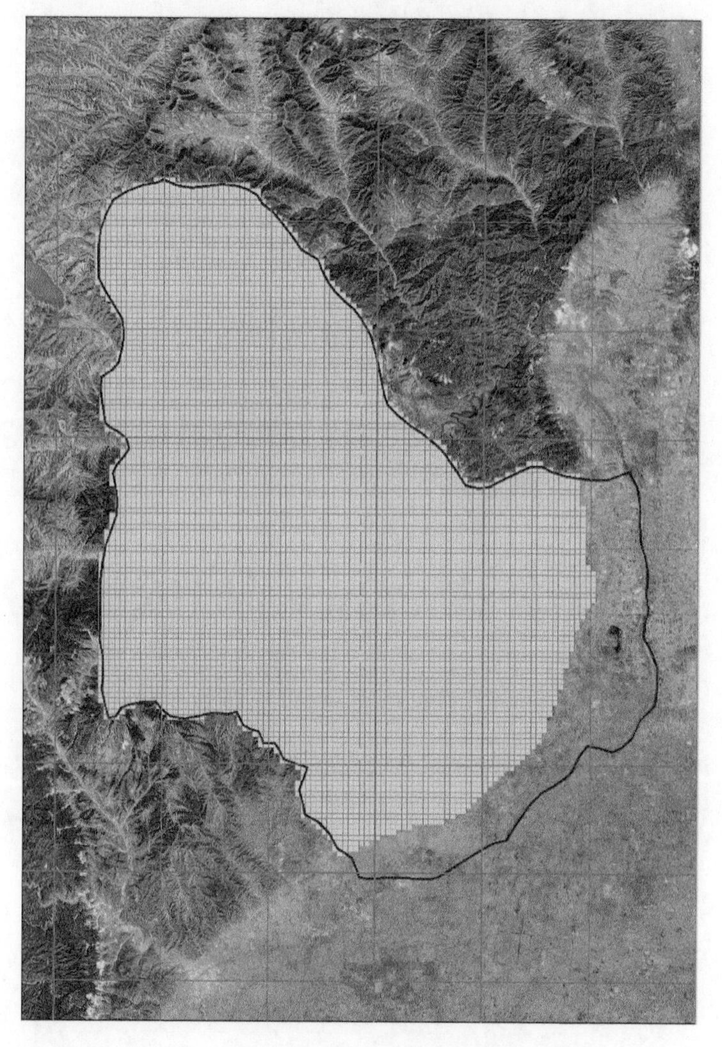

图 3.10 西山矿区地下水流模型平面网格剖分

模型中将矿井涌水处理成水头决定的第三类边界条件，即矿井涌水量由下式表示：

$$\begin{cases} Q=CD(h-HD) & h>HD \\ Q=0 & h\leqslant HD \end{cases} \tag{3.28}$$

式中：Q 为矿井涌水量；h 为煤层所在含水层水位；HD 为开采工作面高程。

3.5.6 矿区采煤涌水量计算结果

在利用典型矿井排水量和奥灰地下水观测水位对模型进行充分校验的基础

上，模拟计算了矿区内53座煤矿的矿井涌水量。模拟计算的矿井涌水量与监测的矿井排水量（或观测涌水量）对比见图3.11。

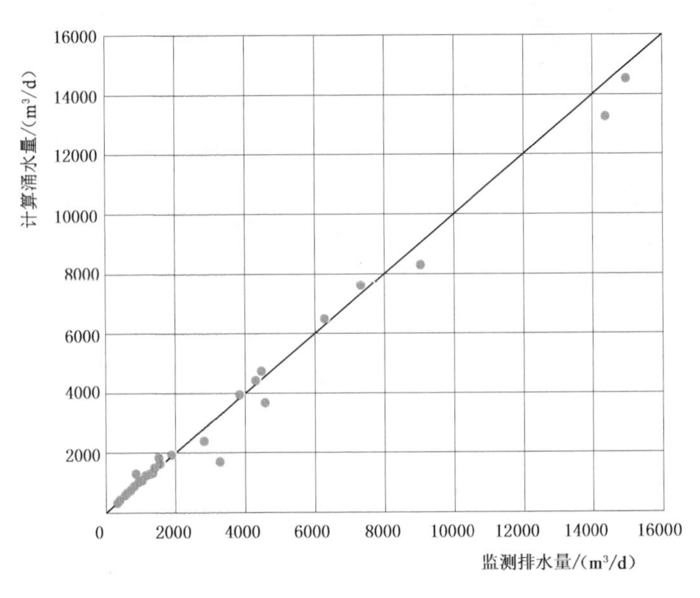

图3.11　西山煤田晋祠泉域煤矿监测排水量和计算涌水量对比

矿区内矿井的计算涌水量合计为118611.59m^3/d，即为4329万m^3/a。将有实际监测数据的矿区矿井排水量（105291m^3/d）与相对应的计算涌水量（102639m^3/d）相比，二者基本一致，相差仅2.5%，见表3.12。

表3.12　　西山煤田晋祠泉域煤矿监测排水量和计算涌水量

县（市、区）	煤矿编号	监测排水量/(m^3/d)	计算涌水量/(m^3/d)
万柏林区	1	3879.45	3974.05
	2	9041.10	8305.54
	3	14383.56	13262.69
	4	4339.73	4449.45
	5	763.00	766.43
	6	345.21	353.09
	7	378.08	387.03
晋源区	8	3279.45	1716.56
	9	591.78	612.16
	10	1413.70	1525.48
	11	1590.41	1665.83

续表

县（市、区）	煤矿编号	监测排水量/(m^3/d)	计算涌水量/(m^3/d)
清徐县	12	854.79	894.97
	13	419.18	437.60
	14	1183.56	1237.13
	15		1186.39
	16	6287.67	6487.12
	17	1446.58	1529.83
	18		4028.49
	19	394.52	412.51
	20		1101.47
娄烦县	21	653.42	664.66
古交市	22	14990.00	14525.35
	23	4597.00	3679.73
	24	1547.00	1859.74
	25	4477.00	4743.71
	26	7322.00	7620.02
	27	575.34	587.41
	28	1205.48	1235.33
	29	1035.62	1053.40
	30	2860.27	2434.00
	31	863.01	903.31
	32	887.67	1309.99
	33	1052.05	1075.48
	34		253.21
	35		1449.85
	36	1232.88	1284.96
	37		1259.09
	38	1167.12	1257.81
	39		1177.99
	40	591.78	605.76
	41	887.67	930.66
	42	998.63	1026.28
	43	1084.93	1105.44

续表

县（市、区）	煤矿编号	监测排水量/(m^3/d)	计算涌水量/(m^3/d)
古交市	44		1256.29
	45	1232.88	1263.06
	46	854.79	872.71
	47	1393.15	1363.77
	48		1214.71
	49		665.43
	50		1169.51
	51		1210.06
	52	1906.85	1900.57
	53	1282.19	1318.51
合计		105291	118611.59
可比合计		105291	102639

3.6　典型煤矿采煤影响水资源量计算

采煤对地下水静储量和动储量破坏的分析是计算采煤对水资源影响量的关键，基于地下水流数值模拟技术分析了典型煤矿矿井采煤对地下水静储量和动储量的破坏量，并与目前经常采用的公式法的计算结果进行了对比，利用收集到的该矿排水台账资料进行了对比分析。

3.6.1　煤矿基本情况及水文地质条件

1. 煤矿基本情况

山西省煤矿重组整合后煤矿生产规模较以往明显提高，山西省现状矿井平均产能120万t/a。煤矿整合后，采煤普遍采用综采工艺和普采工艺，回采率可以达到80%左右。大矿开采导致采煤强度大幅度提高，采区开采年限缩短，采煤对水资源影响的分阶段进程加快。一方面，开采强度的提高导致煤层顶板冒落带和裂隙带高度增加，对上覆含水层破坏更为严重；另一方面，回采率提高意味着单位采空面积的煤炭产量提高，煤炭单位产量破坏的水资源量减少。采煤对地下水资源影响分析案例选择地方中小煤矿资源兼并重组整合后的大型矿井，整合后煤炭生产能力在150万t/a以上，采区回采率在80%左右，整合后矿井服务年限在10～20年。

典型煤矿位于山西省晋中煤炭基地乡宁矿区，是矿区规划的地方中小煤矿

资源整合区内兼并重组整合矿井之一。整合后煤炭生产能力由原来 0.3Mt/a 提升至 3.0Mt/a。整合后井田呈不规则多边形，东西长 3.5～6.3km，南北宽 2.9～4.7km，面积为 17.6843km²，开采深度由 399.99m 至－140m 标高，生产规模 3.0Mt/a，批准开采 2～10 号煤层。矿井设计资源/储量为 13150.07 万 t，设计 2 号煤层采区回采率为 75%；矿井设计可采储量为 8957.02 万 t。矿井整合工程于 2011 年 10 月开工建设，2014 年完工，矿井服务年限 21 年。

2. 煤田地质及水文地质条件

山西省采煤对地下水的破坏包括对石炭系煤系地层之上砂岩含水层的破坏，也可能对煤系地层下覆的奥陶系灰岩含水层的破坏。所选案例煤矿地层发育由新到老包含二叠系、石炭系和奥陶系地层，能够用于分析采煤对顶板含水层和下覆岩溶水的破坏。所选矿区构造复杂程度总体上属简单至中等类，有一定的断层发育。井田所处岩溶水系统从补给、径流至排泄构成完整的水文地质单元，模型的边界条件为自然边界条件。

所选案例井田范围内地层由老到新，自东南向西北出露有二叠系上石盒子组下段、中段、上段及石千峰组地层。根据钻孔揭露资料，结合地表出露情况，对井田内的地层由老到新分述如下：

奥陶系（O）：中统峰峰组（O_2f）为含煤地层的沉积基底，灰岩，钻孔揭露厚度 200m 左右。

石炭系（C）：发育中统本溪组（C_2b）主要由泥岩、粉砂岩、石英砂岩组成，地层平均厚度 19.73m，该层构成煤层与奥灰含水层之间隔水层；上统太原组（C_3t）为井田主要含煤地层，地层平均厚度 45.09m，主要由砂岩、泥岩和石灰岩组成，与上覆地层呈整合接触。

二叠系（P）：发育下统山西组（P_1s），平均厚度 39.22m。岩性主要由砂岩、粉砂岩、泥岩和 2、3 号煤层组成，其中 2 号煤层为全区稳定可采煤层；下统下石盒子组（P_1x），平均厚度 36.62m，以中、细粒砂岩为主；上统上石盒子组（P_2s），平均厚度平均 6.61m，以中～细粒砂岩为主。

第四系（Q）：以第四系黄土为主，为全新统（Q_4）、上更新统（Q_3）和中更新统（Q_2），以角度不整合与下伏基岩接触，平均厚度 57.34m。

3. 矿区地下水监测情况

地下水水位监测数据是校核所建模型的必须数据，所选矿井有一定时间长度的石炭、二叠系以及奥陶系含水层地下水水位监测数据，并且具有区域地下水水位统测数据，能够绘制区域地下水流场。

矿区建有地下水长期观测井 8 眼，监测石炭二叠系含水层和奥陶系灰岩含水层地下水水位，监测频率一般为每月 3 次。

3.6.2　煤矿三维地质结构模型构建

（1）矿区三维地质结构模型是准确刻画矿区地层、含水层分布，分析煤层主要充水地层和涌水通道的重要手段，也是建立矿区地下水流模型的基础性工作。矿区三维地质结构模型构建技术路线为：收集矿区及周边地区地质钻孔数据、地质剖面图和水文地质剖面图，以地质钻孔数据和地质剖面为基础，建立矿区三维地质结构模型，用于分析展示矿区各地层厚度、埋深分布，以及不同走向的地质剖面上地层分层情况。在建立地质结构模型前，对钻孔资料按一定的格式进行预处理，输入各个钻孔的孔号、坐标、各地层标高（或高程）、地层岩性编号等有关数据。地质结构建模中一项关键部分是地层层序的划分，按照沉积物物相、形成年代或者含水层结构划分。根据前面输入的钻孔数据资料自动根据不同层底板标高进行插值，生成各地层顶底板界线。在三维视图条件下进行颜色渲染，实现利用不同颜色显示不同地层实体的功能。

井田范围内现有地质勘探孔 27 眼，矿区模型模拟范围内另有地质钻孔 8 眼，并收集区域水文地质剖面图两幅。考虑到井田范围内钻孔分布较为集中，而井田范围内钻孔数目较少，实际三维地质模型建立过程中，在井田范围内选用两个钻孔，并根据水文地质剖面图地层分布，添加 5 眼虚拟钻孔。矿区三维地质建模工作实际利用 16 眼控制性钻孔，利用 GMS（Groundwater Modeling System，地下水模型系统）软件平台构建研究区三维地质结构模型。地质模型具体建立步骤如下（图 3.12）：

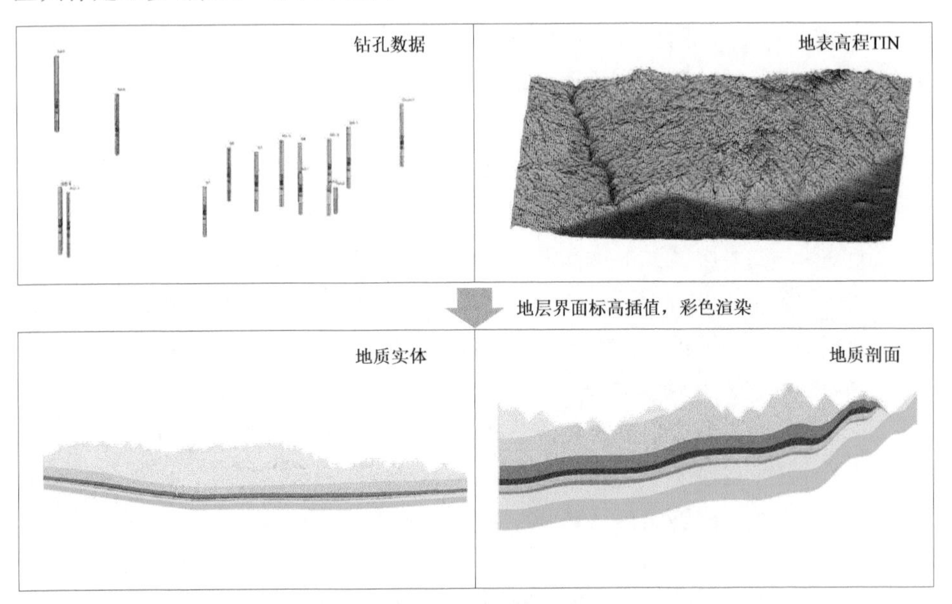

图 3.12　矿区地质结构建模主要步骤示意图

1）在GMS软件的钻孔管理（Borehole）模块中对钻孔资料按一定的格式进行预处理，输入各个钻孔的孔号、坐标、各地层标高（或高程）、地层岩性编号等有关数据。水文地质结构建模中一项关键部分是地层层序的划分，通常按照沉积物物相、形成年代或者含水层结构划分。本书研究过程中，将奥陶系中统上马家沟组（O_2s）、峰峰组（O_2f）、石炭系中统本溪组（C_2b）、上统太原组（C_3t）、二叠系下统山西组（P_1s）、下石盒子组（P_1x）、上统上石盒子组（P_2s）各作为一层。考虑到第四系、第三系区域整体上相对厚度不大，基本不具备开采意义，将第四系、第三系合并为一层（代号QT）。钻孔数据处理过程中，对各地层上界面自下而上按顺序进行编号（1～8号，Horizon ID）。

2）使用SRTM数字高程数据生成地表三角不规则网（TIN，Triangulated Irregular Network），其主要功能是对计算区域按要求自动进行三角剖分，并将插值计算出的高程信息转化到每个剖分节点上的具体高程值，实现单一界面的空间展布。生成的地表TIN将作为三维地质模型的上部表面。

3）三维地质实体的实现，采用反距离加权插值方法，根据前面输入的钻孔数据资料自动根据不同层顶底板标高进行插值，生成了各地层的顶底板界线。对各个网格点上同一地层顶底板标高点进行连接，并在三维视图条件下进行颜色渲染，实现利用不同颜色显示不同地层实体。

（2）基于建立的地质结构模型划分出矿区砂岩含水层，将煤系地层、灰岩岩溶水及弱透水层的空间分布，作为地下水模型空间网格剖分的基础。

3.6.3 煤矿三维地下水动态模拟

（1）三维数值仿真模型构建。基于GMS地下水模拟平台，完成矿区地下水各补给、排泄项和边界条件的概化，建立煤矿开采对地下水影响三维数值仿真模型，模拟降水入渗补给、地表水渗漏补给等地下水补给过程；根据矿井工况特征及矿井作业方式和生产进度，模拟煤矿开采降压排水过程中的地下水动态和矿井涌水量。

1）地下水系统概念模型。

a. 含水层结构。矿区水文地质结构按照地层分布概化为8层，由下至上分别对应奥陶系中统上马家沟组（O_2s）、峰峰组（O_2f）灰岩含水层，石炭系中统本溪组（C_2b）泥岩隔水层，石炭系上统太原组（C_3t）、二叠系下统山西组（P_1s）、下石盒子组（P_1x）、上统上石盒子组（P_2s）砂岩含水层，第四系、第三系含水层，见图3.13。

b. 模型边界条件。模型区顶部边界为潜水面边界，接受降水补给；模型底界为奥陶系上马家沟组底，将上马家沟组含水层底部泥屑充填层视作隔水层。

模型西部边界为黄河，概化为指定水头边界；北部边界为地表分水岭，作

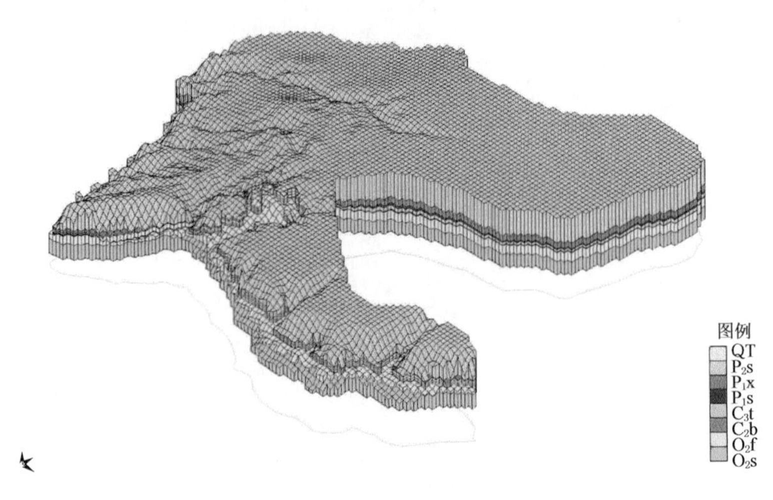

图 3.13　矿区含水层概化

为隔水边界处理；南部边界为山区和临汾盆地断裂分界线，作为系统隔水边界处理；东部边界作为地下水分水岭处理。

c. 源汇项。模型源汇项包括降水入渗补给、石炭二叠系含水层和奥陶系灰岩含水层的地下水开采。

2）水流数学模型。上述地下水流概念模型可用如下微分方程的定解问题描述：

$$
\begin{cases}
\dfrac{\partial}{\partial x}\left(K_x(h-z)\dfrac{\partial h}{\partial x}\right)+\dfrac{\partial}{\partial y}\left(K_y(h-z)\dfrac{\partial h}{\partial y}\right)+\dfrac{\partial}{\partial z}\left(K_z(h-z)\dfrac{\partial h}{\partial z}\right)+q_w=\mu\dfrac{\partial h}{\partial t} \\
\dfrac{\partial}{\partial x}\left(K_x\dfrac{\partial h}{\partial x}\right)+\dfrac{\partial}{\partial y}\left(K_y\dfrac{\partial h}{\partial y}\right)+\dfrac{\partial}{\partial z}\left(K_z\dfrac{\partial h}{\partial z}\right)=S\dfrac{\partial h}{\partial t} \\
h(x,y,z)=h_1 \qquad x,y,z\in\Gamma_1 \\
K_n\dfrac{\partial h}{\partial \vec{n}}\Big|_{\Gamma_2}=q(x,y,z,h) \qquad x,y,z\in\Gamma_2
\end{cases}
\tag{3.29}
$$

式中：h 为含水层水位标高，m；K_x、K_y、K_z 分别为水平方向和垂向上的渗透系数，m/d；K_n 为边界面法向上渗透系数，m/d；μ 为给水度；S 为储水率；h_1 为水头边界上水头分布，m；Γ_1 为水头边界；Γ_2 为流量边界；$q(x, z, h)$ 为流量边界单宽流量，m/d，隔水边界为 0；q_w 为源汇项。

3）模拟计算软件。模型水流计算由 MODFLOW 完成，MODFLOW 是国际上使用最广泛的三维地下水水流模型之一，它采用有限差分原理，可以模拟水井、河流、溪流、排泄、隔水墙、蒸散和补给对非均质和复杂边界条件的水流系统的影响。所有 MODFLOW 的输入都是以定义网格结构、水文地质参

数、边界条件和源汇项的文本文件定义的，所有这些软件运行必需的输入文件都有严格的格式要求，人工准备这些数据文件过程繁琐并容易产生错误。此次模拟过程中采用地下水模拟软件 GMS 作为 MODFLOW 的前后处理器。

4）模型网格剖分。模型网格大小为 500m×500m，水平向上 110 行×130 列。垂向上模型网格层位对应水文地质结构模型各层位。

5）水文地质参数。各含水层渗透系数初始值根据区域收集钻孔抽水实验资料。水流模型识别后，具体各模型层水文地质参数见表 3.13。

表 3.13　　模型各层（自上至下）调整后水文地质参数

模型层		水平渗透系数/(m/d)	垂向渗透系数/(m/d)	给水度	储水率/(L/m)
网格层	1～2	0.01	0.001	0.02	1.e-6
	3～4	0.005	0.0005	0.02	1.e-6
	5	0.005	0.0005	0.02	1.e-6
	6	5.e-6	5.e-7	0.01	1.e-8
	7～8	0.15	0.015	0.1	1.e-3

（2）模型校正。基于构建的数值模型进行矿区地下水稳定流模拟，利用地下水观测数据进行水文地质参数的识别，完成地下水模型的校正过程。模拟的地下水水位分布作为模拟采煤对地下水影响非稳定流模型分析的初始水位，见图 3.14～图 3.16。

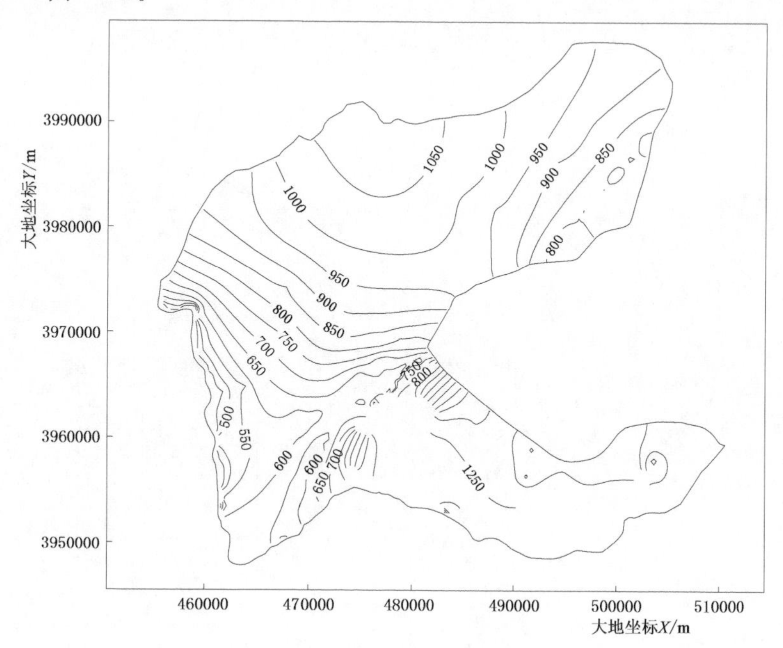

图 3.14　矿区二叠系含水层模拟水位分布

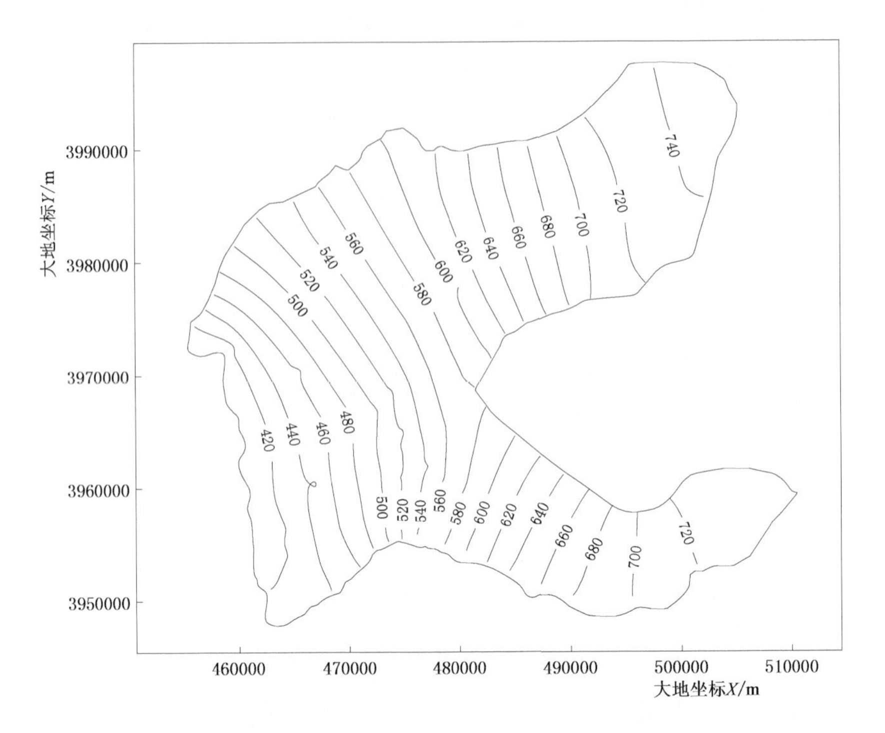

图 3.15 矿区奥陶系含水层模拟地下水水位分布

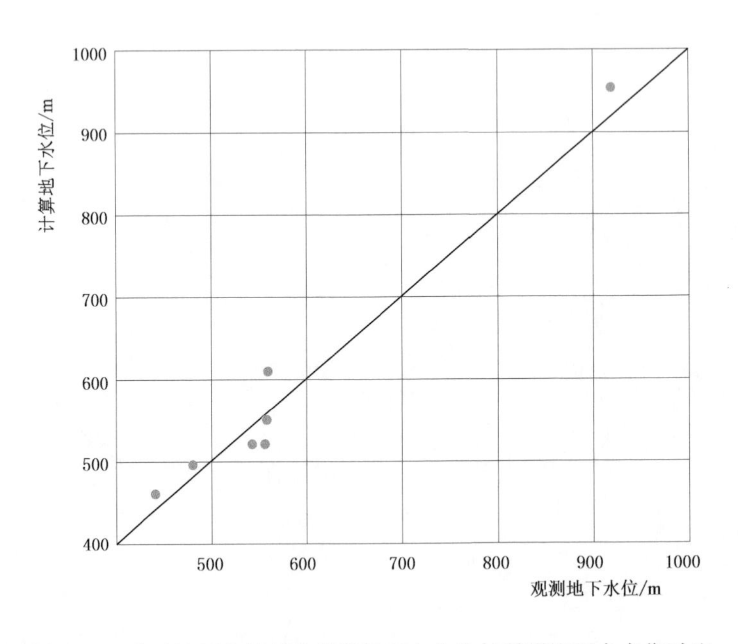

图 3.16 矿区地下水长观孔处算地下水水位与观测地下水水位对比

3.6.4　采煤对地下水静储量的破坏

采煤前，煤层上覆岩层处于应力平衡状态。采煤形成一定规模的采空区后，上覆岩层应力平衡状态被打破，自上而下依次发生变形、离散、破裂和垮落，在采空区上方自下至上形成冒落带、裂隙带和整体移动带，其中冒落带和裂隙带统称为导水裂隙带。煤层开采后，如果导水裂隙带到达地表，就会使地表水与地下水连通；如果导水裂隙带不能到达地表，但导通了所达到的上覆各含水层，就会形成地下水导水通道，在地下水采煤影响范围内，导水裂隙带导通的各含水层地下水漏入井下，形成矿坑水，改变了地下水天然循环条件和径流特征，对各含水层造成不同程度的破坏。对导水裂隙带导通含水层地下水的破坏即对地下水静储量的破坏量。

1. 利用公式法计算静储量的破坏量

根据煤层数、煤层厚度，采用经验公式计算矿区各钻孔的导水裂隙带高度，并计算矿区平均导水裂隙带高度，分析导水裂隙带是否能够到达地表和导通的含水层情况。收集已有的煤层上覆含水层水文地质参数，特别是给水度数据，并根据上覆各含水层岩性、富水性、裂隙发育情况、厚度等确定导水裂隙带的给水度，然后根据采空区面积、导水裂隙带高度和给水度数据计算采煤破坏的地下水静储量。

矿区2号煤层平均厚度6.3m，根据《矿区水文地质工程地质勘察规范》(GB/T 12719—2021)，选用如下公式计算导水裂隙带高度：

$$H_{li}=\frac{100\sum m}{3.3n+3.8}+5.1 \tag{3.30}$$

式中：H_{li} 为导水裂隙带高度；m 为煤层厚度；n 为煤层数。计算结果见表3.14。

表3.14　各钻孔导水裂隙带高度

孔号	煤层厚度/m	底板标高/m	煤层埋深/m	导水裂隙带高度/m
Jn1-1	6.31	119.96	593.17	93.97
Jn1-2	6.08	209.11	599.11	90.73
Jn1-3	6.16	233.8	600.67	91.86
Jn1-4	6.47	267.68	460.68	96.23
Jn1-5	6.66	310.56	302.96	98.90
Jn2-1	6.25	204.73	537.9	93.13
Jn2-2	6.2	216.52	592.69	92.42
Jn2-3	6.11	232.77	539.48	91.16

续表

孔号	煤层厚度/m	底板标高/m	煤层埋深/m	导水裂隙带高度/m
Jn2－4	6.03	256.31	521.83	90.03
Jn3－1	6.43	139.65	344.52	95.66
Jn3－2	6.31	228.9	604.57	93.97
Jn3－3	6.26	232.08	606.13	93.27
Jn3－4	6.19	244.78	512.35	92.28
Jn3－5	6.1	266.1	440.72	91.02
Jn4－1	6.32	254.32	508.24	94.11
Jn4－2	6.27	256.51	530.85	93.41
Jn4－3	6.21	270.26	398.06	92.56
Jn4－4	6.12	279.35	264.23	91.30
Jn5－1	6.55	－30.21	571.98	97.35
Jn5－2	6.47	230.93	407.63	96.23
Jn5－3	6.41	279.26	469.18	95.38
Jn5－4	6.34	283.11	413.84	94.40
Jn5－5	6.26	284.42	393.94	93.27
Jn6－1	6.54	221.47	207.73	97.21
Jn6－2	6.47	284.14	183.27	96.23
Jn6－3	6.42	306.52	382.06	95.52
Jn6－－4	6.38	304.16	337.34	94.96

计算得到矿区平均导水裂隙带高度93.95m，不能到达矿区地表，不会引起降水入渗直接向矿井的渗漏。

采煤破坏的地下水静储量为

$$W_{静}=H\mu F \tag{3.31}$$

式中：H 为采煤破坏的含水层厚度；μ 为给水度；F 为采空区面积。

石炭二叠砂岩含水层给水度取0.1，采煤破坏的地下水静储量为

$$W_{静}=93.95\times0.1\times26.9=252.73(万\ m^3) \tag{3.32}$$

2. 利用数值模型分析对静储量的破坏

将稳定流模型计算得到的地下水水位分布作为初始条件，建立非稳定流模型，模拟煤矿开采过程中（2010—2030年）的矿区地下水均衡及动态变化，见图3.17。利用模型分析煤矿（整合后）开采过程中矿井涌水量中含水层储存量的贡献量的变化过程，煤矿开采过程中，上覆含水层储存地下水被导通后流入矿井，因此，模型模拟的含水层储存量的减少量可以用来表示煤矿开采后

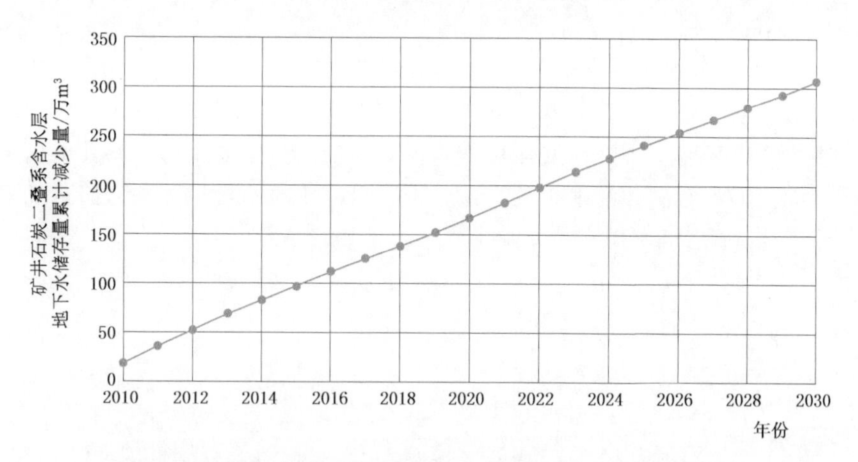

图 3.17 模拟计算矿井石炭二叠系含水层地下水储存量变化

对地下水静储量的破坏量。

模拟计算矿井石炭二叠系含水层地下水储存量变化量，矿井服务期内 2 号煤上覆石炭二叠系含水层地下水储存量累计减少量为 305.72 万 m^3，与采用公式计算的静储量破坏量（252.73 万 m^3）较接近。

3.6.5 采煤对地下水动储量的破坏

随煤炭生产，矿井地下水水位不断降低，矿井进入正常开采阶段后，以矿井为中心的地下水降落漏斗趋于稳定，此阶段进入矿井的地下水主要来自顶部和侧向的地下水的补给量，这段时期采煤对地下水的破坏量即对地下水动储量的破坏量。

1. 利用比拟法分析对动储量的破坏

据矿井环评报告书，煤矿整合前（30 万 t/a）2009 年矿井正常涌水量为 $200m^3/d$，根据矿井生产能力预测整合后（300 万 t/a）矿井涌水量为

$$Q=\frac{Q_0}{P_0}P \tag{3.33}$$

式中：Q_0 为生产矿井涌出的总水量，m^3/d；Q 为设计矿井涌水量，m^3/d；P_0 为生产矿井开采量，t/d；P 为设计矿井开采量，t/d。

预测煤矿整合后矿井涌水量为

$$Q=\frac{200}{909}\times 9090=2000m^3/d \tag{3.34}$$

即煤矿达产后矿井涌水量为 73 万 m^3/a。

本书调研过程中，根据矿方提供的资料，该矿于 2015 年 11 月建成投产，2015 年煤产量 11 万 t，排水量 25 万 m^3；2016 年煤产量 121 万 t，排水量 26

万 m^3。

2. 利用数值模型分析对动储量的破坏

利用模型分析采煤中后期矿井地下水补给量（降水入渗补给等）的变化，采煤造成的矿区地下水降落漏斗稳定后，矿井涌水量主要来自上部及侧向地下水补给量，因此对矿井涌水量的变化分析可以用来表示对地下水动储量的破坏量，计算结果见图 3.18。

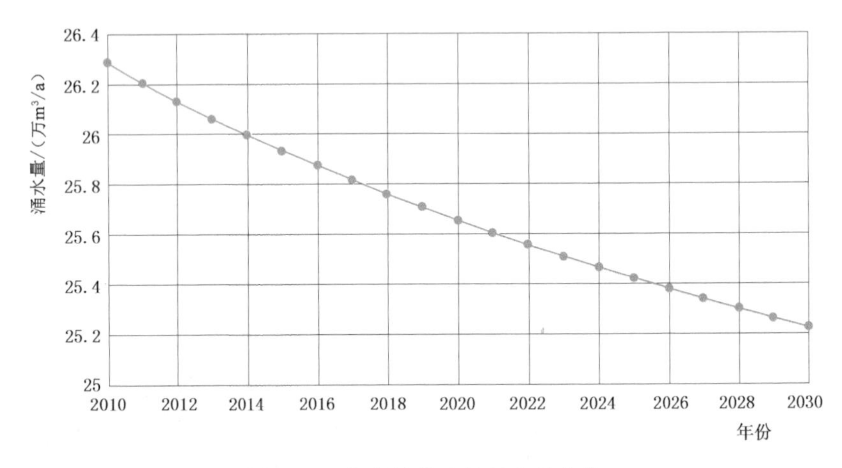

图 3.18　模拟计算矿井涌水量变化

矿井涌水量在开采初期逐渐增大，在开采中后期随降落矿井周围水位趋于稳定，涌水量变化较小；矿井服务期内平均涌水量 703.06m^3/d，即对地下水动储量的破坏量为 25.67 万 m^3/a，与 2015 年及 2016 年监测排水量一致，2016 年吨煤排水系数为 0.21m^3/t。模拟计算得到的矿井涌水量小于利用比拟法计算的结果，说明煤炭开采量发生变化时，单位采煤量破坏的水资源量也发生变化，不能简单外推不同煤炭产量下的水资源破坏量。另外，2 号煤层埋藏较深，降水量变化对模拟矿井涌水量的影响较小。

3.7　小结

本章在山西省煤矿调研和资料收集整理的基础上，分析了山西省采煤对水资源影响机理，基于山西省煤系地层岩相古地理研究成果，并根据山西省各煤田矿区水文地质条件，测算了井工矿和露天矿不同阶段的排水规律和对水资源的破坏量，构建了典型矿区和典型煤矿的矿井涌水量模拟模型，分析了矿坑排水对水资源的影响规律。取得的主要成果与认识如下：

（1）按照 142 座典型煤矿的实际调研成果测算，全省煤矿地下水排水量为每年约 4.99 亿 m^3；利用水文地质、水文气象、用水及地下水水位变化监测等

资料建立了地下水水量数值模型，利用典型矿区和典型煤矿对排水量进行了模型校验，两种方法测算结果基本一致。

（2）煤矿在建设、生产和停采全生命周期内都会对水资源造成影响。一般条件下，在采煤初期，煤矿涌水大部分来自对含水层静储量的破坏，地下水破坏量随井田开拓逐渐增大。在采煤的中、后期，矿井地下水水位降落漏斗趋于稳定，煤矿涌水量主要来自地下水补给量，水量一般也比较稳定。采煤开采后期，导水裂隙带被充填，矿井排水量逐渐衰减，停采后，矿井排水减小或不排水，但采空区积水经一定化学反应后形成“老窑水”。煤矿对水资源的破坏应考虑煤矿井田开拓、正常生产和采后三个阶段内对水资源的影响。

（3）井工矿全生命周期内每采1t煤平均影响与破坏1.65m^3水资源，其中矿井建设阶段破坏含水层地下水储量吨煤0.35m^3；正常生产阶段涌水量吨煤0.55m^3，影响地表径流量吨煤0.03m^3；停采后采空区形成老窑水吨煤0.72m^3。按照影响水资源体积，煤矿矿井建设对含水层地下水储量破坏以及煤矿停采后的长期影响对水资源破坏最大。

（4）井田开拓破坏的地下水静储量绝大部分属于一次性的影响破坏量，对于已建矿井无法计量；矿井正常生产阶段的涌水量为影响的地下水通量，是一个随生产阶段动态变化的量，一般能够直接计量；采后老空区积水的长期影响量虽然也应是一动态过程，受地下水补给、采空区水深的影响，但一般也无法直接计量。

（5）对于带压开采煤矿，奥陶系含水层的疏水降压对奥陶系含水层流场和泉域泉水流量影响较大，并且没有纳入矿井涌水量的计量范围，应严禁对奥灰水进行疏水降压采煤。奥灰岩溶水发生突水后，突水量巨大，不仅对矿井危害严重，也对奥灰岩溶水破坏严重。

（6）根据典型露天煤矿测算，露天煤矿全生命周期内对水资源的破坏保守计算为0.93m^3/t，其中破坏的包气带水和地下水静储量为0.71m^3/t，对地表径流的影响量为0.2m^3/t，煤矿生产期间对地下水的破坏量为0.02m^3/t。

（7）无论煤矿是否带压开采，煤层上部裂隙含水层地下水均是采煤过程中涌水量的主要来源。采煤不仅对含水层地下水资源储量造成了永久破坏，并且破坏了含水层水文地质结构，改变了地下水系统原有的补径排模式，其对地下水系统的长期影响和破坏是难以计量的。

（8）目前矿区地下水监测主要针对岩溶地下水水位，且监测密度严重不足，而对采煤破坏的上部裂隙含水层监测不够。应加强采煤过程中对裂隙地下水的监测，一方面监测采煤形成的地下水降落漏斗的发展过程，另一方面为数值法计算矿井涌水量提供校核依据。此外，应加强煤矿采后采空区地下水水位、水量和水质的监测，对其变化趋势进行预测预警。

第4章 采矿排水水资源税征收政策研究

4.1 “三理”依据分析

山西省征收采矿排水水资源税事理明确、机理清晰、法理充足。下面以采煤为例进行分析。

4.1.1 事理依据分析

采煤对水资源具有明显的影响，造成地下水枯竭、水井干枯、泉水衰减、河道断流、水污染、地面扰动塌陷、水土流失等一系列水资源问题，这是不争的事实。

通过典型调查、原型试验与模型模拟推算，井工矿全生命周期每开采1t煤平均影响与破坏水资源1.65m^3，其中可监测到的吨煤排水平均为0.55m^3；露天矿每开采1t煤平均破坏水资源0.93m^3，难于监测到采煤排水。据测算，山西省每开采1t煤，造成39.55元的经济损失，其中水资源短缺损失18.61元，包括水资源消耗14.54元，地下水资源流失4.07元。山西省目前煤矿生产能力13.40亿t，近年来每年煤炭产量10亿t左右，井工矿开采每年影响水资源14.9亿m^3，露天矿每年破坏水资源0.6亿m^3，两者合计15.5亿m^3。由此可知，采矿对山西省水资源的破坏是严重的，特别是持续几十年的累积影响极其严重。

4.1.2 机理依据分析

采煤对水资源的影响是综合的、复杂的，具体机理简述如下。

1. 煤炭开采水文效应分析

采煤过程形成地面变形、裂缝、塌陷和含水层疏干，破坏了水循环条件，使天然的径流、补给、排泄链条断裂，导致地下水水位下降、流速加快、储量枯竭，地表径流减少，水库蓄水困难。

2. 煤炭开采地质环境效应分析

煤层采空后，采场周围岩体应力重新分布，使上覆岩体产生变形、位移和破坏，土体孔隙水压力发生变化与消散，使含水层的渗流状态发生改变。当采煤面积达到一定范围后，将形成地表塌陷、地裂缝，严重破坏当地水资源，产

生地质环境灾害，引发植被退化等生态问题。

3. 露天开采破坏机理分析

一是露天开采破坏煤系地层以上所有含水层，包括第四系的孔隙含水层，这一破坏是一次性的；二是露天开采阻断水循环，露天开采拦截与利用了井田范围内的全部降水量，无法转化为地表径流量、地下水入渗补给量和地表蒸发量，这一影响是持续性的，贯穿采区从开始开采到采煤结束的整个周期。

4.1.3 法理依据分析

山西省征收采矿排水水资源税（费）具有充足的法理依据，包括有关法律法规、规章及规范性文件。

国家层面的法理依据主要包括《水法》《取水许可和水资源费征收管理条例》，以及《水资源费征收使用管理办法》《关于水资源费征收标准有关问题的通知》（发改价格〔2013〕29号）、《财政部关于河北省水资源税改革试点有关政策的通知》（财税〔2016〕130号）、《国务院关于全民所有自然资源资产有偿使用制度改革的指导意见》（国发〔2016〕82号）、《扩大水资源税改革试点实施办法》等。

山西省层面的法理依据主要包括《山西省水资源管理条例》《山西省循环经济促进条例》《山西省泉域水资源保护条例》，以及《关于促进节约用水调整我省水资源费征收标准的通知》（晋价商字〔2008〕406号）、《关于采矿排水水资源费征收事项的补充通知》（晋价商字〔2009〕200号）、《山西省人民政府办公厅关于地税部门代征采矿排水水资源费的通知》（晋政办发〔2011〕25号）等。

主要规定总结如下：采矿排水要缴纳水资源税（费），水资源税（费）按排水量与当地水资源税（费）征收标准计征，采矿排水应当安装计量设施。制定水资源税（费）征收标准应当充分考虑当地地下水状况，防止地下水过量开采；水资源税（费）征收标准既应包括采矿排水的水资源税（费），还应包括采煤造成水资源系统破坏、水资源流失、水环境污染等的补偿费用。一般超采地区、严重超采地区地下水水资源税（费）标准要高于非超采地区，幅度为2～5倍。今后一个时期大幅提高采矿排水水资源税（费）征收标准。

4.2 采煤对水资源影响的经济成本核算

采用影子价格（shadow price）与节水成本两个维度，测算采煤对水资源影响的经济成本。采用柯布-道格拉斯（Cobb－Dauglas）生产函数和CGE模型测算山西省经济系统中水资源的影子价格，为制定山西省采矿排水水资源税

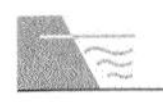

额标准提供支撑。柯布-道格拉斯生产函数将水资源作为生产要素，可计算一般均衡模型还将水资源作为生产的约束条件进行考虑。基于投入产出的价值核算，即利用投入产出表分解分析，核算出真正的节水成本，以计算水资源的价值。

4.2.1　利用柯布-道格拉斯生产函数计算水资源影子价格

4.2.1.1　影子价格介绍

影子价格是反映资源合理配置的资源价格，指当社会处于某种最优状态，能够反映社会劳动消耗、资源稀缺程度和对最终产品需求情况的价格。影子价格模型是 20 世纪 50 年代由荷兰数理经济学家、计量经济学家 Jan Tinbergen 和苏联经济学家、数学家 Kantorovitch 提出的，其理论基础是边际效用价值论，主要反映资源或产品的稀缺性和价格的关系。影子价格指社会处于某种最优状态下，反映社会劳动消耗、资源稀缺程度和对最终产品需求的产品及资源的价格。也就是说在经济系统中，资源每增加一单位时总效益增加的数值等于该种资源的影子价格。

影子价格的计算方法是科学、合理的，它能在各种条件下较正确、灵活地调节有限资源在各部门、各企业间最优分配与最佳利用；也能够在一切生产领域、交换领域、分配领域中发挥重大作用，可谓是当前为实现一定经济目标，又为符合持续发展而确定的较完善、理想的科学价格。

4.2.1.2　基于柯布-道格拉斯生产函数的水资源影子价格计算

根据经济学中的柯布-道格拉斯生产函数理论，结合我国水资源问题的研究，对生产函数进行了修正。投入要素除了考虑劳动力和资本以外，还加入了本书研究的核心，即水资源要素。为了分析水资源边际生产价值，将水资源作为生产函数的一种投入要素，通过建立以资本、劳动力、水资源为生产要素的生产函数，估算案例区三产及综合生产用水的产出弹性、价格弹性以及水资源边际生产价值，并通过比较分析案例区内及区间的计算结果，辨识区域与行业之间的用水特征和效率差异，分析产业布局和水资源配置中存在的主要问题。

水资源生产函数形式如下：

$$Y=AK^{\alpha}L^{\beta}W^{\gamma} \tag{4.1}$$

对式（4.1）进行对数处理，可得如下形式：

$$\ln Y=\ln A+\alpha\ln K+\beta\ln L+\gamma\ln W \tag{4.2}$$

式中：Y 为国民经济生产总值；A 为技术进步对生产总值增长的贡献率；K、L、W 分别为资本、劳动力、用水量；α、β、γ 分别为资本产出弹性、劳动产出弹性和用水产出弹性，说明当投入生产的资本、劳动力和用水量增加 1% 时，产出平均增长分别为 $\alpha\%$、$\beta\%$和 $\gamma\%$。

式（4.2）通过对用水量的自然对数求偏导，即可获得用水的产出弹性（σ），用产出弹性乘以单方水GDP（Gross Domestic Product，国内生产总值），即可得到水资源边际生产价值（ρ，即水资源的影子价格），计算公式如下：

$$\sigma=\frac{\partial \ln Y}{\partial \ln W}=\gamma \tag{4.3}$$

$$\rho=\frac{\partial \ln Y}{\partial \ln W}\cdot\frac{Y}{W}=\gamma\cdot\frac{Y}{W} \tag{4.4}$$

在产业追求利润最大化的条件下，水价 P 等于水资源边际生产价值。若定义 E_P 为用水的价格弹性，则：

$$E_P=\frac{\partial \ln W}{\partial \ln P}=\frac{\partial \ln W}{\partial \ln \rho}=-\frac{1}{1-\gamma} \tag{4.5}$$

所谓用水的价格弹性，指的是当水价变动时需水量相应变动的灵敏度，其表明水价升降时需水量的减增程度，对水价政策调整有一定指导意义。本书用生产函数进行用水产出弹性分析的前提是假设边际产出效益不变，即

$$Y^*=f(cK,cL,cW)=cf(K,L,W)=cY \tag{4.6}$$

使新产出量 Y^* 是旧产出量 Y 的 c 倍的充要条件是：$\alpha+\beta+\gamma=1$，即规模报酬不变。技术进步对生产的贡献率是随时间而变的。为排除技术进步因素对产出弹性的影响，同时避免多重共线性带来的麻烦，在本书的拟合计算中做了规模报酬不变的假设。将 $\gamma=1-\alpha-\beta$ 代入式（4.2）并整理得

$$\ln Y-\ln W=\ln A+\alpha(\ln K-\ln W)+\beta(\ln L-\ln W) \tag{4.7}$$

通过式（4.7）的转换，确定了规模报酬不变条件下以水作为一种投入要素的生产函数，即可用“用水产出弹性”求得水资源边际生产价值及用水的价格弹性。山西省产出GDP、资本存量、劳动力、用水量情况见表4.1。

表4.1　2005—2015年山西省经济与用水情况

年份	GDP/亿元	资本存量/亿元	劳动力/万人	用水量/亿 m³
2005	4230.53	1707.27	1476.37	55.72
2006	4772.04	2034.89	1513.23	59.29
2007	5530.79	2425.23	1550.10	58.74
2008	6000.91	2827.09	1583.46	56.92
2009	6324.96	3438.62	1599.65	56.27
2010	7204.13	4132.39	1665.08	63.78

续表

年份	GDP/亿元	资本存量/亿元	劳动力/万人	用水量/亿 m^3
2011	8140.66	4937.71	1738.90	74.20
2012	8962.87	5709.63	1790.20	73.40
2013	9361.01	6481.55	1841.50	74.85
2014	9432.14	7253.47	1892.80	71.37
2015	9435.83	8025.39	1944.10	71.37

表4.1中GDP数据经过平价处理，2012—2015年劳动力数据与2005—2011年数据的来源不一样；用水量来自历年水资源公报，用水为社会经济用水，是由用水总量减去生态环境用水所得，其中2015年用水量缺失，按照2014年处理。对表4.1进行对数化处理，以达到生产函数的对数形式。假定规模报酬不变，根据式（4.7）进行计量分析，得出相应的回归系数。此次回归 R^2 达到0.99，P 值在5%的水平内显著，通过回归检验，由此得到 γ 为0.42。计算影子价格见表4.2。

表4.2　由柯布-道格拉斯生产函数计算的山西省水资源影子价格

年份	单方水生产价值/(元/m^3)	影子价格/(元/m^3)	年份	单方水生产价值/(元/m^3)	影子价格/(元/m^3)
2005	75.93	31.89	2011	109.71	46.08
2006	80.49	33.81	2012	122.11	51.29
2007	94.15	39.54	2013	125.06	52.53
2008	105.43	44.28	2014	132.16	55.51
2009	112.40	47.21	2015	132.21	55.53
2010	112.96	47.44			

由此可见，由柯布-道格拉斯函数计算的水资源影子价格为31.89～55.53元/m^3。目前水资源费征收标准远低于计算的影子价格，从国民经济的指标来看，2010年之后，用水量增长基本稳定，甚至有一定的减少，而GDP则还有一定的增加，反映了在生产过程中水资源的稀缺性更加明显。

4.2.1.3　分地市的水资源影子价格计算

在计算出水资源影子价格斜率的基础上，只要在得出各年份单方水产出值就可以计算出各地市的水资源影子价格。首先根据历年山西省统计数据得到各地市的产出值，由于各地市最终产出值之间有重叠，因此需要得出各地市产出值占各地市产出值和的比例。根据计算的影子价格斜率得到各地市各年份的影子价格，见表4.3。

表 4.3　　　　　　　　　　山西省各地市水资源影子价格　　　　　　　　　单位：元/m^3

年份	太原	大同	阳泉	长治	晋城	朔州	晋中	运城	忻州	临汾	吕梁
2005	65.9	29.2	43.0	56.1	60.3	20.9	22.9	17.1	15.8	30.9	32.2
2006	63.3	30.4	48.2	51.1	53.8	24.0	25.7	18.4	16.5	41.1	35.9
2007	82.2	34.7	70.4	53.5	41.9	36.9	29.6	23.7	20.9	40.5	40.6
2008	90.0	35.2	77.0	62.9	50.8	52.0	32.7	24.4	24.4	43.6	45.5
2009	91.3	39.0	86.4	75.1	54.4	68.4	32.3	25.2	29.8	44.8	42.2
2010	103.4	40.5	80.1	69.2	49.2	62.0	36.5	24.3	32.8	45.3	54.1
2011	107.8	42.4	79.7	65.1	45.5	56.0	38.5	23.2	28.2	46.5	59.0
2012	116.0	48.3	82.5	67.3	46.4	62.0	43.2	25.6	34.6	52.6	63.0
2013	132.1	49.0	76.5	68.9	46.3	64.1	47.2	25.0	38.4	54.6	69.3
2014	137.6	53.2	80.6	65.8	52.8	64.8	45.6	27.3	41.4	56.7	66.0

从表 4.3 可以看出，各个地市之间水资源影子价格差别非常大，最大的为太原市，2014 年已经达到 137.6 元/m^3；最小的为运城市，只有 27.3 元/m^3。除运城市外，其他地市基本上都在 40 元/m^3 之上，大部分位于 60 元/m^3 之上。2014 年相对于 2005 年，10 年间水资源影子价格增长了近 1 倍，在价格平减之后，水资源影子价格的上涨，反映出以 10 年一个周期调节水资源税是必要的。

4.2.2　利用一般均衡模型计算水资源影子价格

4.2.2.1　山西省社会核算矩阵的编制

社会核算矩阵（social accounting matrix，SAM）在投入产出表的基础上进行扩展，以矩阵的形式表示国民核算账户间的交易，其行和列分别代表不同的部门、经济主体和机构，其中行表示账户的收入，列表示账户的支出，每一个单元格表示的是相应的列账户对于相应的行账户的支付情况。SAM 区分了活动账户和商品账户，目的在于方便反映一个生产者可以生产不同质的商品；区分了要素账户和机构账户，目的在于反映收入的初次分配与再分配关系。SAM 采用复式记账法，因此每一账户的行与列必须相等，即账户的收入流与支出流必须平衡。因此，SAM 表意味着产业账户的投入与产出要平衡、商品供求要平衡、要素收支要平衡、机构部门账户的收支要平衡，包括政府收支平衡、企业储蓄投资平衡、国外收支平衡。

本书的 SAM 表中设置了 8 个账户：①生产活动账户，包括不同的产业部门；②商品账户，与①中各部门产品相对应；③生产要素账户，包括劳动力、资本；④居民账户；⑤企业账户；⑥政府账户，与居民账户、企业账户同属机构部门账户；⑦储蓄-投资账户，反映资本状况；⑧国外账户，反映对外贸易状况。

在 2012 年山西省 42 个部门投入产出表的基础上，结合行业特性分为 11 个部门，分别为农业、煤炭采选业、石油天然气采选业、石油工业、化学工业、建材业、钢铁业、电力热力生产业、其他制造业、建筑业、服务业。这些账户涵盖了国民经济的所有部门及其生产活动；生产要素账户包括劳动、资本两个子账户。为建模方便，各类生产要素以及居民、企业等账户不再按特定标准进行更加详细的划分。因此，本书中的 SAM 表实际上是一个含有 30 个子账户的 30×30 正方形矩阵（包括“汇总”账户）。

表 4.4 表示的是一个开放经济体宏观 SAM 表的基本结构，包括各账户之间的关系。山西省宏观 SAM 表见表 4.5。

表 4.4　　开放经济体描述性标准 SAM 表

项目	活动	商品	要素	居民	企业	政府	储蓄-投资	国外	汇总
活动		国内生产国内销售						出口	总产出
商品	中间投入	交易费用		居民消费		政府消费	投资		总需求
要素	要素投入							国外要素收入	要素收入
居民			居民要素收入	居民间转移支付	企业对居民转移支付	政府对居民转移支付		国外对居民转移支付	居民总收入
企业			企业要素收入			政府对企业转移支付		国外对企业转移支付	企业总收入
政府	生产税、增值税	进出口关税、销售税	政府要素收入	居民所得税	企业所得税			国外对政府转移支付	政府总收入
储蓄-投资				居民储蓄	企业储蓄	政府储蓄			总储蓄
国外		进口	对国外要素的支付		企业向国外的支付盈余	政府对国外的支付	国外投资		外汇支出
汇总	总支出	总供给	要素支出	居民支出	企业支出	政府支出	总投资	外汇收入	

表 4.5　　山西省宏观 SAM 表　　单元：亿元

项目	活动	商品	劳动	资本	居民	企业	政府	储蓄-投资	外部	合计
活动		30409								30409
商品	18297				3901		1605	8224	6626	38653
劳动	5319									5319
资本	4804									4804
居民			5319	94		−282	355			5485
企业				4736						4736
政府	1990	78			43	529				2640
储蓄-投资					1542	4489	680		1514	8224
外部		8166		−26						8140
合计	30409	38653	5319	4804	5485	4736	2640	8224	8140	

4.2.2.2 山西省可计算一般均衡模型的构建

本书所创建的是一个综合了经济系统与水资源系统的、静态开放的可计算一般均衡模型，经济主体包括居民、企业、政府和国外账户，考查的经济活动涵盖了国民经济各主体生产、分配、交换和消费的各个环节。为了建模方便，将模型分为以下四大模块。

1. 生产模块

如图 4.1 所示，该模型的生产函数包括两层嵌套。第一层，生产要素与中间投入通过 CES（constant elasticity of substitution，不变替代性）生产函数相结合，生产出最终总产出，体现增加值和中间投入之间具有完全替代关系。第二层，一方面，资本-劳动生产要素组合通过 CES 生产函数相结合，生产出生产要素组合；另一方面，各部门中间投入品通过 Leontief 生产函数相结合，生产中间投入组合。

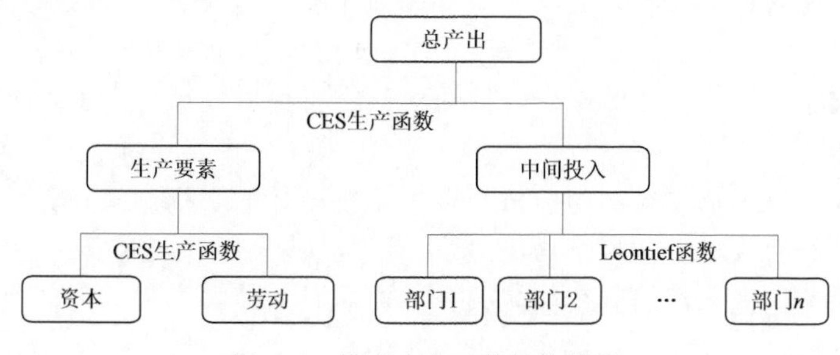

图 4.1　模型生产函数结构设置

模型在生产函数部分广泛采用 CES 生产函数，可以使得不同的生产投入之间能够互相替代，反映相对价格变化对相对生产投入数量关系的影响，从而使得价格机制在模型中更好地发挥作用。而 Leontief 函数的应用则表明了各部门中间投入品之间的不可替代性。

2. 分配模块

省内市场销售的商品由省内生产省内销售商品和调入、进口商品组成，二者根据 Armington 条件组合，以满足居民、企业、政府的需求，见图 4.2。

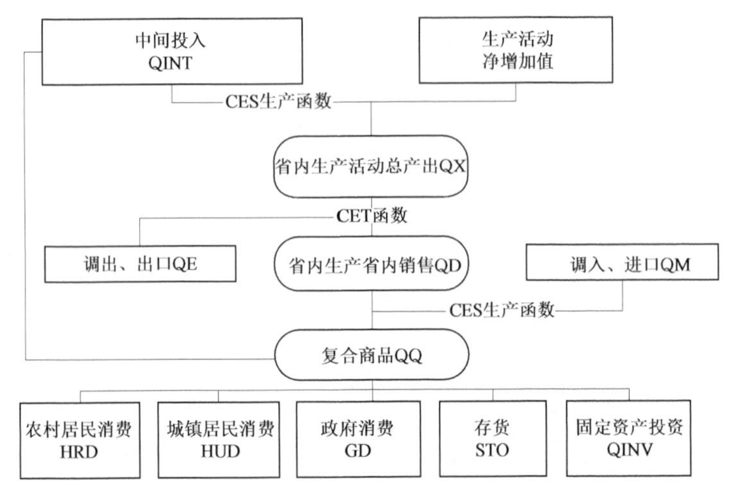

图 4.2　模型商品需求与分配结构设置

3. 消费模块

模型假定居民和政府的效用函数都是柯布-道格拉斯函数形式。我国目前的税法多数情况下不把转移支付计入税基，因其一般具有特定的用途，因此模型设定的税收中把转移支付部分（面向企业和居民）都假定为免税的。

居民收入以本国货币算，等同于以下各部分的总和：劳动要素总价格收入、资本要素带来的价格收入、企业和政府分别对居民转移支付的价格收入、省外转移支付的价格收入。居民消费等于商品需求与商品价格的乘积。居民储蓄等于收入和政府转移支付不被边际消费倾向及个人所得税影响的部分。首先仍应扣除政府向居民转移的部分，然后对其进行税后计算，再去除上述居民消费的部分即可。

企业收入等于资本要素的价格与资本总供应量的乘积，减去资本收入分配给居民的份额后（如工资报酬），再加上政府转移支付（如退税）。企业储蓄等于企业扣除所得税率后的剩余，减去企业对居民的转移支付，再加上政府对企业的转移支付。

政府的税收收入含企业、居民的增值税、所得税等税项，而资源公有制允许模型假定我国水资源的要素投入的产出均归国家所有。政府消费即市场上供应商品的价格与政府在商品上的消费总额的乘积，可以由政府收入中商品消费

支出份额及政府给企业、居民、省外转移支付的值计算得到。政府储蓄即政府收入减去政府支出。

4. 均衡条件及宏观经济指标

(1) 均衡条件。为简化模型，该模型采用固定汇率制度，以基准年汇率为准。

1) 商品市场供求均衡。市场上商品的供应量应与商品作为中间投入需求、居民消费需求、企业消费需求、政府消费需求的量相等。

2) 要素市场出清。劳动要素需求应等于劳动要素供给，资本市场需求（含省内资本在省外投资收入）应等于资本供给，整体宏观要素需求应等于整体宏观要素供给。

3) 储蓄投资平衡。货币化的总投资量应与居民、企业、政府的储蓄加上汇率设定的虚拟变量相等。此外，省内市场上流通的商品价格乘以商品投资的最终需求（产量），最后加上省外投资（境外投资则要计算汇率），也应等于货币化的总投资量，体现了均衡条件下总投资等于总储蓄的效果。

4) 省内省外收支平衡。进口商品省外价格与进口商品总量的乘积（即进口商品总价）、向省外（境外）投资量、政府对省外转移支付三者相加应等于出口商品省外价格与出口商品总量的乘积（即出口商品总价）、省外（境外）对内投资量、省外对省内居民转移支付，实际上是国际收支平衡的变种在本书模型建构中的体现。

(2) 宏观经济指标。

1) 实际 GDP：即排除进口商品的数量后，核算以下部分的总和：居民消费需求数量、对商品生产投资的最终需求数量、政府的商品需求数量，以及生产出口商品的数量。

2) GDP 价格指数：应是省内商品的价格量乘以上述实际 GDP 的总数量（此模型中供给等于需求），即居民消费需求、商品生产投资的最终需求、政府消费需求的总和，减去进口商品总额的差值，增加出口商品的价格总额，最终形成 GDP 价格指数。

4.2.2.3 结果分析

此次研究利用动态 CGE 模型测算山西省水资源影子价格。首先根据统计数据得出山西省社会核算矩阵（SAM 表），在核算中，先核算山西省宏观 SAM 表，再核算微观 SAM 表，再将水资源作为要素放到宏观和微观 SAM 表中，作为 CGE 模型的基本条件。在模拟水资源影子价格时，设置了 6 个情景，分别是在多年平均水资源量的基础上，增加 5%、增加 10%、增加 30%，减少 5%、减少 10%、减少 30%。2012—2020 年山西省水资源影子价格模拟结果见表 4.6，这一反映水资源边际价值的指标被称为水资源的影子价格，影响水资源影子价格的各个主要因素会随着水资源供需状况的动态变化发生改变，在这种情况下，可以利用动态水资源CGE模型，依据动态经济系统的均衡调整经济结构，在经济最优增长轨道上计算动态经济系统在规划水平年的均衡水资源影子价格。例如，横向比较可以发现，水资源的边际贡献率会随着可用水资源量的增加而降低；纵向比较可以发现，水资源的边际产出率会随着经济系统整体的发展以及节水程度的提高而增加。

根据表4.6，可以看出水资源的边际贡献在这几年大幅增加。究其原因，一是山西省水资源依然短缺，水是非常稀缺的资源；二是单位水资源支撑的产出越来越大；三是从成本来说，对水资源的破坏成本越来越大。因此，煤炭行业对水资源的破坏，反映到水资源税（费）的征收上，其标准也应当同步提高。

表4.6　　2012—2020年山西省水资源影子价格模拟结果　　单位：元/m^3

年份	2012	2013	2014	2015	2016	2017	2018	2019	2020
增加5%	9.02	10.76	12.30	13.00	14.20	15.67	17.35	19.21	21.26
增加10%	7.58	10.76	12.01	12.67	13.85	15.28	16.91	18.70	20.69
增加30%	8.67	10.76	11.86	12.49	13.59	14.98	16.55	18.26	20.14
减少5%	7.31	10.66	12.27	12.99	14.21	15.68	17.40	19.26	21.32
减少10%	10.41	11.52	12.61	13.45	14.69	16.23	18.03	19.93	22.08
减少30%	9.57	12.11	13.55	14.45	15.84	17.57	19.53	21.67	24.05
取值范围	7.31	10.66	11.86	12.49	13.59	14.98	16.55	18.26	20.14
	10.41	12.11	13.55	14.45	15.84	17.57	19.53	21.67	24.05

4.2.2.4 两种方法水资源影子价格计算结果的讨论

这里需要说明的是，柯布-道格拉斯函数计算的水资源税费征收标准是将水资源作为生产的基本要素，反映的是在国民经济生产过程中水资源的机会成本。其含义是在其他生产要素满足的情况下，每增加1m^3水资源的生产供给，能够增加55.53元的GDP产出；每破坏1m^3水资源，会造成55.53元的GDP的损失（以2015年为例）。从2009年开始，山西省太原市特种行业用水水价变为48元/m^3（特种行业包括桑拿洗浴、美容美发、洗车、娱乐会所等以水资源作为基本生产要素投入的行业），与此次计算的2009年水资源影子价格结果一致。而到了2015年，水资源影子价格已上升为55.53元/m^3，已高于48元/m^3的特种行业水价标准。用柯布-道格拉斯生产函数计算的水资源影子价格反映的是生产过程中的水资源的机会成本，具有参考意义，可以看出在这个情况下，煤炭行业1.2元/m^3的水资源税费标准明显偏低，严重背离水资源影子价格。

由于水资源的基础性，每个行业都要用到水资源，但是并不是所有的行业都将全部的行业用水作为生产过程中的绝对投入要素（例如，煤炭生产过程中，矿井涌水是为了创造客观生产条件），也并不是所有用水必须投入到单位用水产值高的行业（例如，为了粮食安全的农业生产），因此需要将水资源作为约束条件进行可计算的一般均衡模型的影子价格分析，以分析全经济系统过程下的水资源影子价格。在这个模型中，考虑了生产过程中的中间投入与资本、劳动力之间的要素替代，省内生产与区域之外生产的替代，省内商品与区域外商品的替代等。即使在考虑替代的情况下，2017 年水资源影子价格仍然在 14.98 元/m^3 以上，2020 年将达到 20 元/m^3 以上，远远高于煤炭行业现有的 1.2 元/m^3 的征收标准。从经济可持续发展的角度来说，过低的水资源税费征收标准不但不利于区域内的生态文明建设，而且不利于区域内发展方式转变和产业的转型升级，使得水资源被锁定在附加值低的产业。

4.2.3　基于 SDA -山西投入产出表的节水成本核算

4.2.3.1　基本思路

由于国家粮食安全和社会稳定的要求，需要对农业生产进行一定程度的保障。由于经济发展需要，农业用水占比不断降低，工业、生活等其他用水不断增加，实质上是工业、生活等用水在“挤占”农业用水，理论上需要工业、生活支付农业一定的外部性费用。为了战略需要，国家对这部分外部性费用，通过水利投资的方式，加强农田水利的建设，特别是加强灌溉相关基础设施的建设。因此，利用山西省实际完成灌溉设施投入的单位效用，来标定水资源税税额标准，具有一定的参考意义。

本部分研究根据山西省水利建设投资中灌溉用途的投资总额以及投资后的节约用水的实际效用（经投入产出表核算后的实际节水效用），计算单方农业节水的实际投资，以此来反映山西省节约水资源的投入，从另一个角度反映山西省水资源税（费）标准是否合理。

4.2.3.2　SDA - IO 模型

此次研究所用的山西省投入产出表均来自山西省统计局，涉及的年份分别是 2007 年、2012 年，共 2 张表格。由于服务业部门较多，为方便研究，将服务业分为生产性服务业、消费性服务业和公共服务业三个部门。以 2012 年表格为例，生产性服务业包括：交通运输、仓储和邮政业，信息传输、软件和信息技术服务，金融，租赁和商务服务，科学研究和技术服务；消费性服务业包括：批发与零售，住宿与餐饮，房地产，居民服务、修理和其他服务；公共服务业包括：水利、环境和公共设施管理，教育，卫生和社会服务，公共管理、社会保障和社会组织。一共划分为 26 个部门，部门代码及名称为：行业 1 为农业，行业2～行业23为工业，行业24～行业26为服务业；在工业内部又分为采掘业和制造业，其中行业2～行业5为采掘业，行业6～行业23为制造业。

在可比价计算中，将1997年作为基准期，利用1997—2013年农产品生产者价格指数、工业生产者出厂价格指数、固定资产投资价格指数和商品零售价格指数分别对农业、除建筑业的工业、建筑业、服务业进行价格平减，得到2007—2012年的价格平减后的26个部门的投入产出表。

4.2.3.3　结构分解分析方法

投入产出模型的基本公式为

$$X=(I-A)^{-1}Y=LY \tag{4.8}$$

式中：X为总的产出；I为单位矩阵；A为总的技术系数矩阵；Y为最终需求；L为里昂惕夫逆矩阵，反映各部门最终使用对其他部门的消耗，为中间投入技术变化。

考虑到用水在投入产出表中的关联：

$$W=W_1+W_2=C^{\mathrm{i}}X+CD \tag{4.9}$$

式中：W为用水总量；W_1为行业生产的用水；W_2为居民生活消费的用水；C^{i}为各行业水资源的投入强度（行业用水系数）；D为最终需求中居民消费总额；C为居民生活用水系数，即单位居民消费的用水量，上标i反映该变量为行业异质性，下同。

将$X=LY$代入式（4.9），得到：

$$W=W_1+W_2=C^{\mathrm{i}}LY+CD \tag{4.10}$$

Y为最终需求的矩阵，可以将Y分为最终需求总量和各需求结构矩阵的乘积，即

$$Y=MNOSG(1+U) \tag{4.11}$$

式中：M为最终需求衡量的制造业产业结构；N为最终需求衡量的第二层次产业结构矩阵；O为最终需求衡量的第三层次产业结构矩阵；S为反映产业间需求结构的矩阵（消费、固定资产形成和出口的结构）；G为GDP总量；U为生产过程中的进口替代率。

对行业用水强度进行分解：

$$C^{\mathrm{i}}=A_1A_2A_3A_4B_1B_2B_3C_1 \tag{4.12}$$

式中：A为农业用水系数矩阵，将其分解为4个相关系数，其中A_1为灌溉面积占比矩阵，A_2为灌溉用水系数矩阵，A_3为农业生产系数矩阵，A_4为农业生产结构矩阵；B为电力热力生产与供应业用水系数矩阵，将其分解为3个相关系数，其中B_1为火（核）电发电量占比矩阵，B_2为电力用水系数矩阵，B_3为电力价格系数矩阵；C_1为其他行业用水系数矩阵。

最终得到用水总量 W 与经济系统关联表达式：

$$W=C_1A_1A_2A_3A_4B_1B_2B_3LMNOSGU+CD \tag{4.13}$$

式（4.13）中右侧变量说明见表 4.7。

表 4.7　　驱动因素解释

代码	因　素	单位	意　义	驱动力分类 1	驱动力分类 2
A_1	灌溉面积占比矩阵	%	有效灌溉面积占总面积比例	种植业的节水	规模效应
A_2	灌溉用水系数矩阵	m^3/亩	亩均灌溉用水量		节水技术效应
A_3	种植业生产系数矩阵	亩/万元	万元产值占用耕地		生产技术效应
A_4	农业生产结构矩阵	%	种植业产值占农业总产值比例		结构效应
B_1	火（核）电发电量占比矩阵	%	火电、核电发电量占总发电量比例	电力的节水	结构效应
B_2	电力用水系数矩阵	m^3/(万 kW·h)	万度电用水量		节水技术效应
B_3	电力价格系数矩阵	kW·h/元	电量与电力产业产值比例		配置效应
C_1	其他行业用水系数	m^3/万元	除种植业和电力生产与供应业的其他行业的单位产值的用水量	技术进步	节水技术效应
L	行业技术系数		中间投入技术变化		生产技术效应
M	最终需求衡量的制造业产业结构		第三层次产业结构	经济发展方式转变	结构效应
N	最终需求衡量的第二产业结构		第二层次产业结构		
O	最终需求衡量的三次产业结构		第二层次产业结构		
S	最终需求结构		消费、固定资产形成、出口的结构变		
U	进口替代	%	中间投入和最终需求中进口品占比		
G	经济总量	万元	投入产出表核算国内生产总值 GDP	经济总量增长	经济规模效应
D	居民消费	万元	居民消费总额	生活用水	收入效应
C	居民生活用水系数	m^3/万元	单位居民消费的用水量		节水技术效应

假定所有变量之间不相关，则 W_1 可以分解为

$$\Delta W_1=W_1^1-W_1^0=C_1^1A_1^1A_2^1A_3^1A_4^1B_1^1B_2^1B_3^1L^1M^1N^1O^1S^1G^1U^1-$$

$$C_1^0 A_1^0 A_2^0 A_3^0 A_4^0 B_1^0 B_2^0 B_3^0 L^0 M^0 N^0 O^0 S^0 G^0 U^0 \tag{4.14}$$

其中，上标0代表基期，上标1代表计算期。根据Dietzenbacher和Los（2000）的研究，对式（4.14）进行进一步分解可知，分解的结果是非唯一的，且结果的个数与其因素的个数n有关，结果个数为$n!$个。根据Fujimagari（1989）和Betts（1989）提出的两极分解得出的结果与这些结果极为接近。本书根据两极分解法进行计算。具体参数包括其他行业用水系数、灌溉面积占比、灌溉用水系数、种植业生产系数、农业生产结构、火核电发电量占比、火核电电力用水系数、电力价格系数、行业技术系数、最终需求衡量的制造业产业结构、第二产业结构、三次产业结构、最终需求结构、经济总量、进口替代、居民生活用水系数和居民消费的结构分解结果。

4.2.3.4 水资源价值核算

根据以上方法，计算出2008—2012年灌溉投入的实际节水效用为12.31亿m^3（A_1+A_2）。2008—2012年这5年山西省实际完成的灌溉建设投资情况见表4.8。

表4.8　山西省灌溉投资实际完成额

年份	2008	2009	2010	2011	2012	总计
投入/万元	31350	108328	95085	104697	191700	531160

5年间，全省一共投入53.12亿元用于灌溉，实际节水效力为12.31亿m^3（A_1+A_2），每立方米花费4.31元。从这个角度来说，不宜将水资源税费的标准定在4.31元/m^3以下。

4.3 山西省采矿排水水资源税征收政策论证

依据《中华人民共和国水法》《取水许可和水资源费征收管理条例》等法律法规及政策，通过现场调研、召开专家咨询会等方式，确定了“山西省采矿排水水资源税征收政策论证”需要重点解决适用范围、采矿排水水资源税征收方式、征收管理体制、税额标准、排水计量等五个问题，并提出了解决方案。考虑到从2017年12月1日起，山西省作为国家扩大水资源改革试点正式启动，征收政策论证要充分反映国家水资源税改革试点的要求与新进展。下面重点阐述采矿排水水资源税额标准制定问题。

4.3.1 基本思路

（1）制定原则。采矿排水水资源税税额标准按照费税平移、合理补偿、计量收费、分类实施，基准统一、体现差异的原则制定。

（2）标准核定技术与方法。水资源税在煤矿正常生产阶段计量征收，但是采煤对水资源影响与破坏是全过程的，加之井工矿正常生产阶段计量监测到的排水量远小于采煤影响与破坏的水资源量，露天矿几乎监测不到排水量，因此制定水资源税征收标准时不仅要考虑排水量，更要考虑采煤影响与破坏量。

针对采煤影响与破坏水资源的特点与规律以及现行水资源税征收政策，亟须建立排水量及影响破坏量相结合的水资源税税额标准体系。排水量为采煤单位或者个人依据国家技术标准安装经检定合格的排水计量设施计量的水量。采煤影响与破坏量包括采前影响破坏量、长期影响破坏量。

对于地下水超采区，应考虑征收倍数增加水资源税额，以促进地下水超采区的治理。

综合以上考虑，采煤排水水资源税纳税人应纳税额计算公式如下：

应纳税额=（基准税额×实际排水量+基准税额×采煤影响与破坏水资源系数×同期煤炭产量）×地下水超采区征收倍数

（3）回用与外排税额。《扩大水资源税改革试点实施办法》第14条规定，对回收利用的疏干排水从低确定税额。但是，根据实地调研，山西省大部分煤矿矿井水与生活污水处理后统一配置回用与外排，煤矿企业无法区分煤矿水回收利用与直接排放量，水利、税务部门人员也无法对此进行审核。另据调研，天津市、内蒙古自治区、宁夏回族自治区等水资源税改革试点地区明确反对回收利用从低征税，北京市、天津市认为回收利用概念不明晰，无法界定。综上，近期制定水资源税税额可以不区分回收利用与直接外排。

4.3.2 基准税额测算

在广泛调研的基础上，设定了高、中、低三个方案，基准税额分别为2.11元/m^3、1.73元/m^3、1.20元/m^3，按年排水、影响与破坏总量15.5亿m^3估算，期望年征收规模（不含超采区加征）分别为32.71亿元、26.82亿元、18.60亿元，见表4.9。

表4.9 基准税额测算表

方案		基准税额/(元/m^3)	期望年征收规模/亿元
高方案	在中方案基础上提高22%	2.11	32.71
中方案	按全国“十二五”平均增幅44%调整	1.73	26.82
低方案	2008年山西省标准	1.20	18.60

4.3.3 采煤影响与破坏水资源系数测算

根据采煤对水资源影响分析测算成果，井工矿采煤影响与破坏水资源系数

包括前期影响系数 A（煤矿开拓前期破坏的地下水静储量）与长期影响系数 C（煤矿采空区积水）两部分，详见表4.10。如前所述，这两部分影响与破坏水资源量在煤矿正常运行阶段排水量中是测不到的。按照简单易行原则，建议井工矿采煤影响与破坏水资源系数取全省平均值 $1.1m^3/t$。

根据采煤对水资源影响分析测算成果，露天矿采煤影响与破坏水资源系数取 $0.93m^3/t$。

表4.10　各煤田井工矿的采煤影响与破坏水资源系数　单位：m^3/t

煤　田	前期影响系数 A+长期影响系数 C	煤　田	前期影响系数 A+长期影响系数 C
河东煤田	1.04	霍西煤田	1.04
大同煤田	1.06	平陆煤产地	1.12
宁武煤田	0.95	垣曲煤产地	0.89
西山煤田	1.31	广灵、浑源、五台煤产地	0.91
沁水煤田	1.17	平均	1.10

4.3.4　地下水超采区征收倍数测算

采煤排水水资源税适用税额主要根据地下水超采情况确定。《扩大水资源税改革试点实施办法》要求：超采地区的地下水税额要高于非超采地区，严重超采地区的地下水税额要大幅高于非超采地区；在超采地区和严重超采地区取用地下水的具体适用税额，由试点省份省级人民政府按照非超采地区税额的2～5倍确定。据统计，山西省一般超采区有煤矿78座，生产能力8995万t；严重超采区有煤矿15座，生产能力1306万t。考虑到与山西省现行政策相衔接等因素，建议近期超采区征收倍数采用下限，即一般超采区取2，严重超采区取3。

4.3.5　税额标准评析

1. *不考虑超采区加征的情形*

按高方案测算，在不考虑超采区加征水资源税的情况下，全省预计每年可征收采煤排水水资源税32.90亿元，相当于2011—2017年平均征收规模的132%，各煤田征收规模见表4.11。

2. *考虑超采区加征的情形*

全省有93座煤矿处于地下水超采区，根据地下水超采区加征水资源税的要求，全省每年加征水资源税2.80亿元。按高方案测算，合计每年征收35.70亿元，相当于2011—2017年平均实际征收额的144%。

表 4.11 山西省各煤田水资源税征收规模 单位：万元

煤田	矿区	井工矿水资源税	露天矿水资源税	合计
河东煤田	小计	39793	1148	40941
	河保偏	9527	1148	10675
	离柳	20197		20197
	石隰	366		366
	乡宁	9704		9704
大同煤田	大同矿区	31059		31059
宁武煤田	小计	33122	8779	41901
	平朔	13824	8779	22604
	朔南	2314		2314
	轩岗	7833		7833
	岚县	9150		9150
西山煤田	太原西山煤矿	19941		19941
沁水煤田	小计	141384	624	142008
	东山	3586		3586
	阳泉	46143	624	46767
	武夏	8663		8663
	潞安	26447		26447
	晋城	47098		47098
	霍东	9447		9447
霍西煤田	小计	48898	1841	50738
	汾西	21666	765	22431
	霍州	26150	396	26547
其他煤产地	平陆煤产地	740		740
	垣曲煤产地	60		60
	广灵煤产地		595	595
	浑源煤产地	462	84	547
	五台煤产地		510	510
合计		315458	13581	329039

3. 煤田税额水平综合分析

按高方案测算，全省预计征收规模相当于 2011—2017 年平均实际征收额的 132%（不考虑超采区加征的情形），采煤排水水资源税实际税负变化不大，占销售价格的比例很低。全省井工矿征收（不含超采区加收）水资源税折合吨煤

3.5元，为改革前吨煤3元标准的117%，占环渤海动力煤最新交易价571元/t的6.12‰；井工矿折合排水量6.33元/m^3。改革前井工矿未按水量征收水资源税，如果按每年4.99亿m^3排水量反推，改革前水资源费实际征收标准折合成排水量征收标准为4.59元/m^3，现方案井工矿税额标准折合排水量6.33元/m^3为改革前收费标准的138%，见表4.12。

表4.12　　山西省各煤田采煤排水水资源税实际税负分析表

煤田	井工矿			露天矿	
	单位煤产品税负/(元/t)	相当于改革前的比例/%	折合排水量税负/(元/m^3)	单位煤产品税负/(元/t)	相当于改革前的比例/%
河东煤田	2.86	95	11.15	1.96	65
大同煤田	2.76	92	13.28		
宁武煤田	2.98	99	9.59	1.96	65
西山煤田	3.49	116	6.30		
沁水煤田	3.9	130	5.20	1.96	65
霍西煤田	4.27	142	4.85	1.96	65
平陆煤产地	2.73	91	14.09		
垣曲煤产地	2.72	91	14.27		
广灵、浑源、五台煤产地	2.67	89	13.94	1.96	65
合计	3.5	117	6.33	1.96	65

从各煤田水资源税实际税负空间分布与变化来看，井工矿单位煤产品实际税负北低南高，单位排水量实际税负北高南低，基本符合采煤对水资源影响的空间差异。河东、大同、宁武煤田单位煤产品税负2.76～2.98元/t，折合单位排水量税负9.59～13.28元/m^3；西山、沁水、霍西煤田单位煤产品税负3.49～4.27元/t，折合单位排水量税负4.85～6.30元/m^3。露天矿单位煤产品实际税负1.96元/t，比改革前下降35%，见表4.12。

总体上判断，上述标准比较合理。从影子价格与节水成本看，上述标准相当于影子价格的30%，高于山西省节水实际投入成本（4.31元/m^3），地下水严重超采区水资源税税额则接近影子价格，进一步体现了水资源的价值。从与国家规定的最低标准的对比看，《扩大水资源税改革试点实施办法》规定地下水最低平均水资源税税额为2元/m^3，上述标准高于最低水平。采煤排水对水资源破坏极其严重，不可持续、不可逆转，水资源税税额标准应当高于最低水平。从区域横向对比看，上述标准高于天津（5.8元/m^3）、内蒙古（5元/m^3）、北京（4.3元/m^3），符合山西省的实际情况。

4. 典型煤矿税额水平综合分析

选择实地调研的资料齐全的39座煤矿进行测算，结果见表4.13。据表4.13，有18座煤矿水资源税折合吨煤小于3元；21个矿水资源税折合吨煤超过3元，其中2座煤矿处于严重超采区，5座煤矿处于一般超采区，6座煤矿属于沁水煤田，吨煤排水系数0.69m³以上，相对于周边其他煤矿排水量明显偏大。因此，从典型煤矿测算结果看，推荐税额标准总体上是合理的。

表4.13 山西省典型煤矿采煤排水水资源税实际税负分析表

煤矿编号	所属煤田	煤炭产量/(万 t/a)	涌水量/万 m^3	超采区征收倍数	水资源税/万元	折合吨煤/(元/t)
1	霍西	157.12	128.85	3	1909.65	12.15
2	西山	86.00	25.80	3	762.13	8.86
3	霍西	217.45	154.10	2	1659.72	7.63
4	霍西	166.55	98.14	2	1187.29	7.13
5	霍西	30.00	8.70	2	175.97	5.87
6	西山	44.30	9.75	2	246.79	5.57
7	河东	650	36.50	2	3171.33	4.88
8	沁水	90	90.00	1	398.79	4.43
9	沁水	151	124.10	1	612.32	4.06
10	沁水	500	400.00	1	2004.50	4.01
11	沁水	120	96.00	1	481.08	4.01
12	沁水	120	96.00	1	481.08	4.01
13	沁水	180	124.10	1	679.63	3.78
14	沁水	120	60.00	1	405.12	3.38
15	西山	2386.80	1144.04	1	7953.69	3.33
16	沁水	830	365.00	1	2696.58	3.25
17	大同	150	58.40	1	471.37	3.14
18	霍西	120	43.80	1	370.94	3.09
19	西山	276.78	96.87	1	846.81	3.06
20	河东	1124.72	393.79	1	3441.38	3.06
21	宁武	75.97	26.40	1	232.03	3.05
22	大同	300	91.25	1	888.84	2.96
23	河东	240	73.00	1	711.07	2.96

续表

煤矿编号	所属煤田	煤炭产量/(万t/a)	涌水量/万m^3	超采区征收倍数	水资源税/万元	折合吨煤/(元/t)
24	沁水	300	90.00	1	886.20	2.95
25	河东	694.02	208.80	1	2051.39	2.96
26	河东	60	16.79	1	174.69	2.91
27	沁水	180	48.60	1	520.33	2.89
28	沁水	120	27.60	1	336.76	2.81
29	沁水	150	31.50	1	414.62	2.76
30	河东	300	59.22	1	821.25	2.74
31	沁水	200	32.00	1	531.72	2.66
32	大同	1500	219.00	1	3943.59	2.63
33	宁武	1000	146.00	1	2629.06	2.63
34	河东	120	16.43	1	313.18	2.61
35	河东	300	32.85	1	765.61	2.55
36	河东	90	8.76	1	227.37	2.53
37	沁水	300	18.25	1	734.81	2.45
38	沁水	180	5.40	1	429.17	2.38
39	宁武	1900	露天矿		3728.37	1.96

4.4　小结

本章基于山西省产业结构，从全生命周期角度，全面分析了采煤对水资源影响破坏补偿收费的法理、机理和事理依据，基于动态CGE模型核算了采煤水资源影响的经济成本，系统论证了采矿排水水资源税征收政策。取得的主要成果与认识如下：

（1）煤炭开采全过程影响与破坏水资源和生态环境。经过几十年大规模开发，采煤对水资源的影响与破坏叠加，新老问题交织；尤其是近年来煤炭资源整合重组后，煤炭资源利用效率效益大幅提高，但对水资源的影响更大、更快、更集中，需要创新思路、下大力气进行综合防治。

（2）井工矿正常生产阶段计量监测到的排水量（全省平均0.55m^3/t）远小于测不到的采煤影响与破坏的水资源量（全省平均1.1m^3/t），制定水资源税征收标准时不仅要考虑排水量，更要考虑影响与破坏量。对全生命周期影响

与破坏量进行补偿需要通过正常生产阶段征收水资源税来实现。

（3）露天矿改变了水循环，每开采 1t 煤直接和间接破坏 0.93m^3 水资源，但计量监测困难，按产煤量征收水资源税仍是现实可行的选项。

（4）科学测算了采煤对水资源影响的经济成本。动态 CGE 模型测算结果表明，山西省水资源影子价格逐年增加，2017 年为 14.98～17.57 元/m^3，2020 年为 20.14～24.05 元/m^3。经济损失评估结果表明，每开采 1 吨煤，造成水资源短缺损失 18.61 元；节水投资分析结果表明，农业灌溉每节约 1m^3 水资源需要花费 4.31 元。

（5）着力建立采煤排水基准税额、排水量及影响破坏量相结合的水资源税税额标准体系。采煤排水水资源税应纳税额计算公式为：应纳税额=(基准税额×实际排水量＋基准税额×采煤影响与破坏水资源系数×同期矿产品产量)×地下水超采征收倍数。

（6）采煤影响与破坏水资源系数与地下水超采征收倍数。采煤影响与破坏水资源系数取全省平均值，井工矿为 1.1m^3/t，露天矿为 0.93m^3/t。在省政府划定的地下水超采区采煤排水的，一般超采区、严重超采区水资源税地下水超采征收倍数分别取采煤排水水资源税基准税额的 2 倍、3 倍；在其他地区采煤排水的，地下水超采征收倍数取 1。

（7）在广泛调研的基础上，设定了高、中、低三个方案，基准税额分别为 2.11 元/m^3、1.73 元/m^3、1.2 元/m^3，预计征收规模（不含超采区加征）分别为 32.71 亿元、26.82 亿元、18.60 亿元，相当于 2011—2017 年平均征收规模的 132%、108%、75%。基准税额 2.11 元/m^3 方案征收规模高于近年平均征收规模，近期调整水资源税税额标准可优先考虑此方案。

（8）对六大煤田、3 个煤产地以及 39 座典型煤矿的测算分析表明，研究提出的采煤排水水资源税计算方法及有关参数计取是比较合理的，且能够反映不同地区、不同类型煤矿采煤对水资源影响与破坏的实际情况。

第5章　山西省矿坑排水监测计量和管理信息系统构建

5.1　矿坑排水监测计量的要求

按水资源量计征水资源费是水资源管理工作的要求。按照取水许可管理条例规定，取水单位或者个人应当依照国家技术标准安装计量设施，并保证计量设施正常运行。对煤矿企业，取用水量按照疏干排水量统计。通过对监测数据的分析，发现计量设施运行不正常的，应及时通知取水单位或者个人，并在规定时限内更换或修复；规定时限内的排水量参考历史同期和年度用水计划规定的排水量核定。因故障运行不正常的计量设施超过规定时限不更换、不修复的，则参照历史最大排水量、取水许可水量等核定其排水量。

2017年发布的《财政部 税务总局 水利部关于印发〈扩大水资源税改革试点实施办法〉的通知》(财税〔2017〕80号)确定北京、天津、山西、内蒙古、山东、河南、四川、陕西、宁夏等9省（自治区、直辖市）为扩大水资源税改革试点。水资源税开征后，明确疏干排水的实际取用水量按照排水量确定，水行政主管部门职责为定期核算取用水水量。

《扩大水资源税改革试点实施办法》规定，纳税人应当安装取用水计量设施。纳税人未按规定安装取用水计量设施或者计量设施不能准确计量取用水量的，按照最大取水（排水）能力或者省级财政、税务、水行政主管部门确定的其他方法核定取用水量。

目前，山西省矿坑水监测及计量体系不完善。不同地区煤炭埋藏条件不同，水文地质条件也有差异，新煤矿、老煤矿、报废煤矿等不同生命周期内的煤水作用关系也变化很大，不同区域煤炭开采对地下水的影响强度及矿井排水的水量和水质存在较大差异。监测和计量是矿坑水综合治理的基本前提，但是目前尚未形成有效的矿坑水水量水质监测体系。

当前相关政策已经规定采矿排水的水资源费应按照排水量计征，但是由于计量设施不完善、补偿标准不精细，从近几年落实的情况看，基本上仍然是按照吨煤统一收取。但是目前规定中没有体现矿井排水的时空差异性，没有和水量直接挂钩，也没有体现对治理与再生回用的激励，影响了该政策的持续实

施。因此需要结合山西省的特点，在“基础调查—水量测算—影响评价—经济核算—收费补偿—计量示范”的全链条式系统研究的基础上，提出山西省矿坑水监测计量模式和建设方案，为采煤水资源费征收、费改税等相关管理工作提供科学依据，同时为全省煤矿排水计量监控、最严格水资源管理等工作提供技术支撑。

5.2 矿坑排水监测计量系统构建

矿坑排水监测计量系统的总体建设目标是：在充分利用现有矿井排水监测设施和已建信息骨干网的基础上，对矿井排水的水量、水质进行全面监测，对排水各关键节点新建或改造自动监测，整合现有监测设施形成统一的信息采集传输体系，开发山西省矿坑水监控管理信息系统。在省水利厅搭建矿坑排水监控管理平台，在地市、县级水行政主管部门和矿山生产单位进行监控环境建设，形成相对完善的矿坑排水监控管理体系；建立矿山排水突发性事件预警机制和快速响应机制，为保障矿山安全提供技术手段和科学支撑。

系统以矿山生产井为主要监控对象，以矿井排水监测示范点为重点监控对象，按照国家水资源监控能力建设项目相关技术规范的要求，建设省矿坑水监控管理平台，形成省、地市、县、矿山四级监测体系，以自动监测采集矿坑水排放、直接应用、外供水量、外排水量信息为基础，通过对监测数据分析，及时发现排放异常，提高矿井排水监测系统快速反应能力，开发包括监测信息管理、排放异常预警、排水量统计、排水量分析等功能的软件系统，对矿坑水排放形成包括监测数据采集、传输、存储、展示、统计、核算、分析、共享利用的全面监控管理体系。

5.2.1 系统总体框架

山西省矿坑排水监测计量系统作为矿坑水监控、治理、利用的综合系统，包括了监测信息采集系统，信息网络传输系统、数据库系统、水量核算系统、数据分析系统和信息交互系统等子系统。总体建设内容包括信息采集传输、计算机网络、数据资源、应用支撑、业务应用、应用交互等六个层面，并以安全保障体系、标准规范体系为保障，为科研规划设计中介机构、社会公众、管理对象和政府相关职能部门提供服务。这六个层面、两大保障体系、四类服务对象共同构成山西省矿坑排水监测计量系统的总体框架，见图 5.1。

1. 系统六个层面

（1）信息采集传输层：针对不同的计量点的情况选取合适的计量方式，监

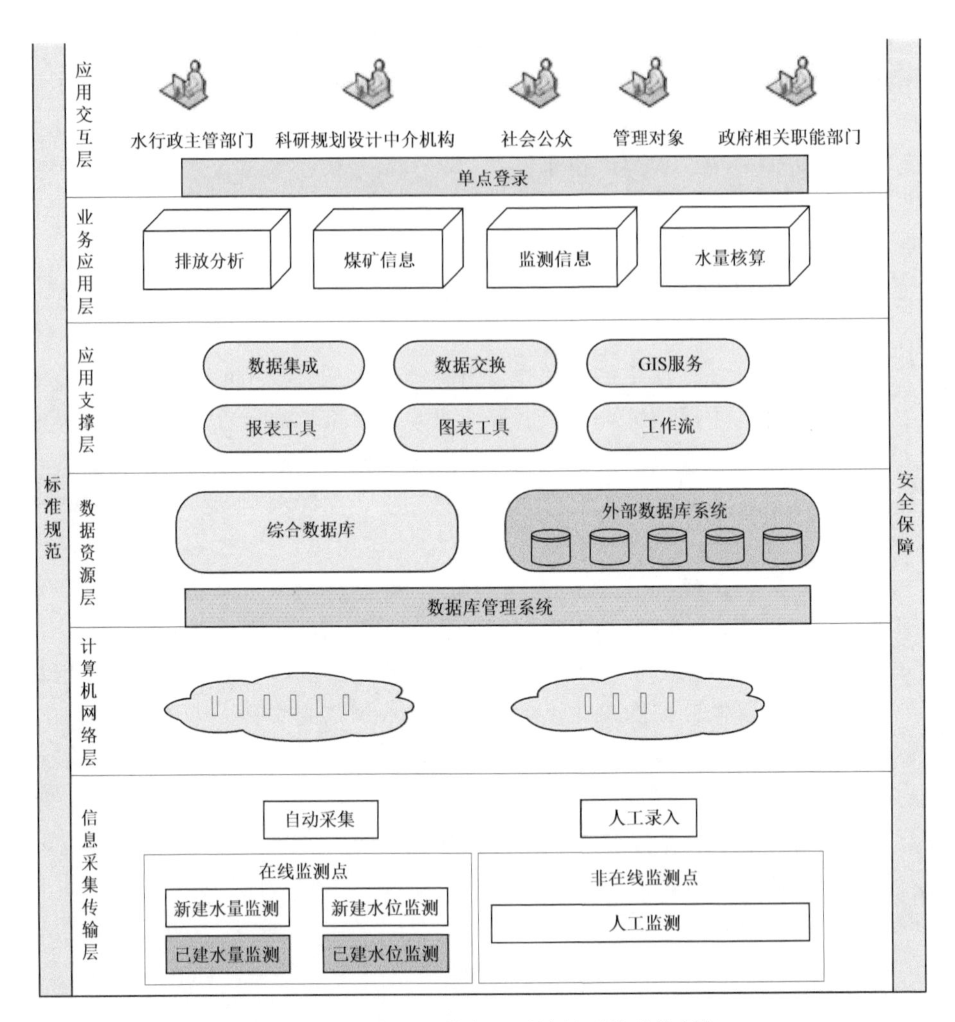

图 5.1　山西省矿坑排水监测计量系统总体框架

测点没有计量设备或者计量设备精度较低的，需要重新安装计量监测站。对于已有的计量设备，通过改造，以达到计量监测要求。

(2) 计算机网络层：采用专用的矿坑排水计量 RTU，地面监测点用 Lora 模块组网并由 GPRS 模块传输到云平台，井下监测点利用光缆通过 TCP/IP 协议组网后再由 GPRS 模块传输到云平台。

(3) 数据资源层：建设矿坑排水监测信息数据库，存储矿坑排水监控管理中的各类数据。

(4) 应用支撑层：在数字中心配置部署应用服务器、数据库服务器、GIS 服务器、磁盘阵列等系统软硬件环境。

(5) 业务应用层：为矿坑排水监控管理提供信息化、智能化的集信息存

储、展示、统计、核算和分析等为一体的工作平台。在“山西水利一张图”中补充矿井图层，以直观方式提供矿井分布信息、监测信息、在线监测情况、排水情况等信息。信息发布系统则面向社会公众及被管理单位，对矿井水监控、治理、应用等相关的政策、法规、标准、规范、工作动态等信息进行公开发布。

（6）应用交互层：矿坑排水监控管理的统一入口，为管理人员和业务人员提供矿坑排水监控管理的相关信息，提高工作效率。通过用户权限、角色的设定实现对系统不同使用人员的定向管理，其他相关部门也可通过授权访问该数据平台的实时或历史数据。

2. 两大保障体系

（1）标准规范体系：矿坑水监控监测计量系统由信息采集与传输、计算机网络、数据汇集和管理平台、应用支撑平台、业务应用系统、应用交互等部分组成；系统层次和结构复杂、信息采集点众多、各级系统之间存在大量的数据传递；在平台设计开发的各个环节应特别注意遵循国家、行业、主管部门制定的各类标准规范；矿坑排水监控管理系统应总体遵循国家水资源监控能力建设项目编制的系列技术规范，以提高系统的规范性，同时也有利于系统的不断扩展、持续改进和版本升级。

（2）安全保障体系：安全保障体系是保障系统安全应用的基础。系统包括物理安全、网络安全、应用环境安全等。物理安全主要涉及的方面包括环境安全（防火、防水、防雷击等）设备和介质的防盗窃防破坏等方面；网络安全主要是通信网络数据传输完整性保护及通信网络数据传输保密性保护等；应用环境安全通过操作系统、应用系统和数据库的安全机制，保障应用业务处理全过程的安全使用。

建立、健全安全管理制度，是安全管理的关键。规范化的安全管理能够最大限度地遏制或避免各种危害，是保障安全的重要环节。安全管理体系由组织体系、安全管理制度、人员安全管理等组成。

3. 四类服务对象

政府水行政主管部门为管理者。该系统采用一级部署三级应用的模式设计开发，可同时满足省水利厅、地市水利局和县级水利局的管理需要。

（1）管理对象：为产生矿坑水的单位和个人，如矿山生产单位等。

（2）科研规划设计中介机构：为矿坑排水监测、治理、回用等过程提供技术支撑的有关科研院所及水利水电规划设计部门等。

（3）社会公众：关注矿坑排水治理及其相关政策、法规、标准、规范等相关信息的社会公众。

（4）政府相关职能部门：包括地矿、煤炭、国土资源、城建、环保、农业、气象、电力等与矿坑排水监控管理相关的政府职能部门和其他单位。

5.2.2　系统建设内容

矿坑排水监控管理系统总体遵循国家水资源监控能力建设项目编制的系列技术规范，同时，在平台设计开发的各个环节注意遵循国家、行业、主管部门制定的各类标准规范，不仅能提高系统的规范性，也有利于系统的不断扩展、持续改进和版本升级。软件系统软硬件平台搭建于省矿坑排水监控中心，根据系统用户的不同权限，可对本单位管辖范围内所有矿井排水排出、处理、回用、排放的全过程进行管理，煤矿监控管理中心可直观查看本企业的相关情况。同时，省矿坑排水监控管理中心和煤矿监控管理中心之间可通过软件系统进行在线互动。

(1) 在线监测点建设。首先在矿区布置监测、计量和传输设备，配置遥测终端机、传感器、通信设备、供电设备、避雷设备和安装辅材等；然后，系统推广后在其他矿山企业扩大安装在线计量设施。

(2) 硬件环境建设。配置网络设备、安全设备、存储设备、服务器等，并进行部署与集成。

(3) 系统基础软件。配置操作系统、数据库系统、GIS 系统、应用服务器、备份软件、工作流引擎、综合报表、数据分析软件等系统基础软件配置。

(4) 数据资源建设。建设包括基础信息、监测信息、统计信息、空间信息、多媒体信息等的综合数据库，并对现在其他数据资源进行整合与集成。

(5) 业务应用建设。开发山西省矿坑监控管理信息系统。

5.2.3　监测计量对象

监测计量对象为生产过程中有排水行为、对该地区地下水近期或远期造成破坏的煤矿企业。监测计量体系建设应该从水量和水质两方面进行。

在煤矿开采过程中，大多数矿井都把工作面的矿井涌出水首先存储于井下的水仓内，在地下水仓达到一定水位后，通过高压水泵抽至地面的调节池中（地下采煤作业直接利用少部分）。排至地面的矿坑水根据不同情况进行沉淀或处理后，通过管道进入地面清水池，清水池中水质一般符合《污水综合排放标准》要求的三级水质。清水池的处理水大多回用于井下或煤炭洗选、厂区绿化、厂区消防等，少部分无法回用的排放至河道，个别回用于农业灌溉或其他乡镇供水等。露天矿按照煤矿安全生产规程，应设置防、排水沟渠，个别无法组织地面排水的区域，则应按要求组织地下排水。

对经过处理进入清水池的矿井排出水应定期进行水质监测，监测一般采用定点取样、实验室化验方式进行，监测比对矿井排出水水质的变化，对出现的问题及时采取相应对策加以治理，确保达标排放。可根据具体矿井实际监测内容和监测需求调研结果，补充相应的分析检测仪器，并注意采用先进的水质监测技术、方法，以提高监测效率。

由于在线水质监测站建设、运维费用都较高，可选择部分在社会经济运行中占据特别重要位置的或水质问题突出、影响较大的国家重要煤矿安装在线水质监测设施，水质在线监测站的设计安装可参考《地表水饮用水水源地水质在线监测技术指南（试行）》进行。

为了准确计量矿坑水的排放量、处理量、各类用途回用量，保证监测核算水量更为接近矿坑实际排水量，应该在矿坑水的排出、进出污水处理厂、各类用途回用量等关键结点安装监测设备，从而实现对矿坑水的涌出、汇集、处理、利用、排放各环节的全面监测。

应监测计量的矿坑排水关键节点主要有：经由专用管道排至地面的地面管道处；污水处理厂处理过程中的不同管道处；煤矿企业内部使用的可回收利用水的关键节点，例如供矿区洗煤、降尘、绿化等用途的出水管道处；供附近企业、农田灌溉的输水管道；其他直接排放至河道或其他汇水处的排放管道处。矿坑排水监测计量关键节点见图 5.2。

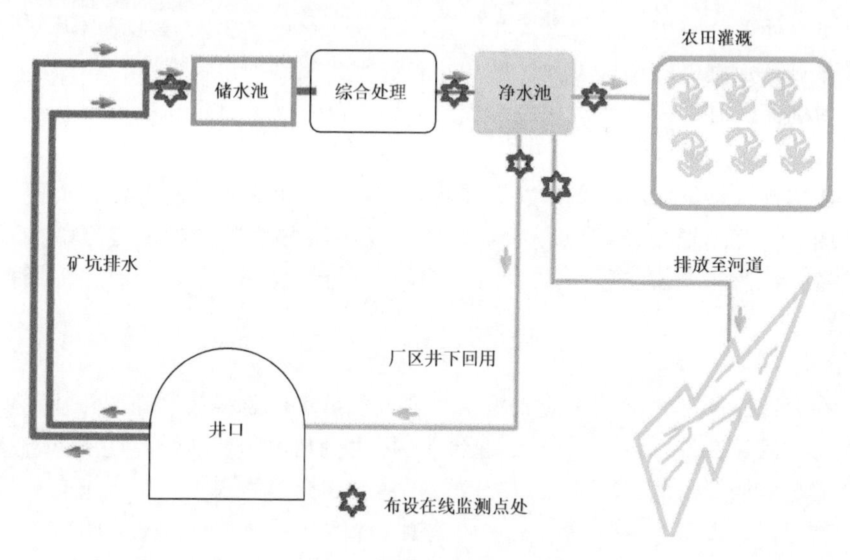

图 5.2　矿坑排水监测计量关键节点

为与水资源税改费工作顺利对接，参考河北省水资源费改税的经验，对矿山排水按照其排放去向和用途分为三类：公司回收利用于煤炭生产过程、外排再利用于煤矿附近农村农田灌溉和直接外排废弃。对收取水资源费的，也应按照促进企业内部利用、鼓励回用和确保达标排放的要求，按照其排放去向和用途分别统计核定其水量，并按照不用的计费标准分别计费。

5.2.4 监测计量体系

1. 执行规范

国家水资源监控能力建设项目制定了系列取用水监测站建设、采集、传输规范，以及取用水监测规范。项目制定的系列规范《水资源监测要素》（SZY 201—2016）、《水资源监测站建设技术导则》（SZY 202—2016）、《水资源监测设备技术要求》（SZY 203—2016）、《水资源监测设备现场安装调试》（SZY 204—2016）、《水资源监测设备质量检验》（SZY 205—2016）、《水源地水质在线监测技术指南（试行）》等，经过项目实践证明在取用水和水质监测方面是可用、可行的。矿坑水监测站建设中采用上述标准规范，同时也有利于与国家水资源监控能力建设项目成果的对接。

2. 监测点布设

按照水资源管理的要求，在每个矿的矿坑水排出、处理、回用的计量关键节点布设监测点，尽量做到全面掌握煤矿排水情况。

监测点布设应按照图5.2所示的矿坑水监测计量关键节点进行。根据矿坑水排出、处理、回用的不同方式和用途，每眼井安排3个以上监测点进行全面监测，对特别重要的计量关键区域和位置进行视频监控。

为确保及时、完整地对矿坑水进行监测，监测计量首选在线监测方式。

3. 监测方式

矿坑排水计量应尽量采用在线监测方式，将监测数据实时传输到山西省水利厅的监控管理平台及其数据库服务器（以下简称“矿坑排水监测中心”）。不具备在线监测仪器安装条件的也可安装电磁流量计等其他水表，并定期抄表上报。

4. 监测站设计

在设计监测方式之前，应先对矿井现有水量水质监测情况进行评估，现有设施可以满足在线水量水质监测要求的，可直接利用；矿区现有计量设备不能完全满足监测要求的，可对之进行改造以达到在线监测要求；矿区没有计量设备或者原计量设备无法满足水量水质监测要求且改造难度较大的，可按照《水资源监测要素》（SZY 201—2016）、《水资源监测站建设技术导则》（SZY 202—2016）、《水资源监测设备技术要求》（SZY 203—2016）、《水资源监测设备现场安装调试》（SZY 204—2016）、《水资源监测设备质量检验》（SZY 205—2016）等规范设计安装水量或水质在线监测站。

国家水资源监控能力建设山西省项目已在多个煤矿企业建设了取用水在线监测点，可设计数据接口接入其监测数据至本平台。

水量监测以自动实时监测、传输为主。监测站可自动采集监测到的水量数据。数据采集可实现定时自动报送和人工招测两种方式。在必要时可人工置数，将数据发送给中心站。

水量监测的指标包括水量、流量、水位等主要指标，以及水泵启闭时间、用电量等辅助指标。只监测流量、水位等指标的，可通过率定流量-水量关系、功率-水量曲线、水位-水量曲线等对水量进行计算。

水量监测设备可参照管道型取水流量自动监测站建设，监测点应尽量安装在进入清水池之前的管道段上。

管道型取水流量自动监测站监测的指标包括水量、流量等指标，可通过率定流量-水量关系进行计算。

在线监测站建设标准配置包括遥测终端机、管道流量传感器、DTU通信设备、太阳能电池板、蓄电池、避雷设备和安装辅材等。当管道直径小于300mm时，采用电子远传水表，管道直径大于300mm时，采用电磁流量计或超声波流量计。所配备的设备应该是市场上成熟可靠的产品，设备应该具有国家质量监督局颁发的产品生产许可证和指定认证机构颁发的使用许可，计量设备还应该通过计量认证。

在水量监测工作中，应以自动化、信息化为方向，在现有矿井排水计量设备基础上配齐基本在线监测设备，监测信息尽量采用在线监测和传输方式取得。监测站可自动采集监测到的水量数据，数据采集可实现定时自动报送和人工招测两种方式，在必要时可人工置数，将数据发送给中心站。

按照《水资源监测要素》（SZY 201—2016）的规定，取用水监测点应进行实时监测定时报送每日的水量数据。

由于矿坑排水监测的特殊性，有些位置可能不易安装在线计量装置，只能安装规范计量装置。水表应尽可能采用能自动读取并发送数据的智能水表；其他采用非智能水表的，应安排专人负责对排出水进行管理，并定期抄表统计排出水量，并结合水泵开机时间，以及模型推演等方式进行复核。

矿山各监测点之间的监测数据不是独立存在的，它们之间存在一定的线性折算关系。通过对各监测点在不同生产周期监测水量的分析，可分析得出各监测点之间的水量折减关系，并将其应用于其他同类矿井的排水量计算。

收集矿山排放量排放、利用的历史数据，通过与矿山历史资料的比对分析，对该折算系数进行实例验证。

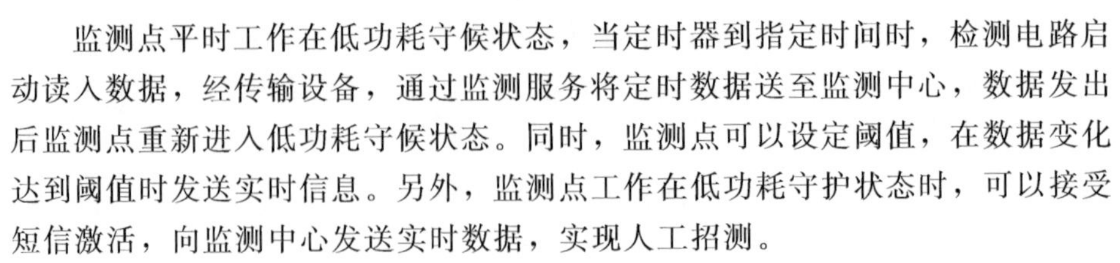

监测点平时工作在低功耗守候状态，当定时器到指定时间时，检测电路启动读入数据，经传输设备，通过监测服务将定时数据送至监测中心，数据发出后监测点重新进入低功耗守候状态。同时，监测点可以设定阈值，在数据变化达到阈值时发送实时信息。另外，监测点工作在低功耗守护状态时，可以接受短信激活，向监测中心发送实时数据，实现人工招测。

正常情况下自动监测站点监测频次应符合国家及水利行业相关标准的规定（对每个信息自动化采集站点，设置异常情况下自动触发式信息报送功能，避免在数据信息急剧变化的紧急情况时出现数据短缺的现象）。在固定观测不能满足应对要求时，可动态设立移动监测站，对水量、水质进行跟踪监测。

5.3 矿坑排水的信息传输

信息传输通道可依据站点本身特点和周边通信条件、前期其他信息化系统建设状况，以及传输流量的大小进行合理选择。由于传输的信息流量比较小，因此应优先选择公共移动通信方式。

目前可以使用的公共移动通信方式主要有 GPRS、CDMA 和 GSM - SMS、CDMA - SMS，这些通信方式的使用应符合《水资源监控管理系统数传输规约》（SL 427—2008）的有关规定。自动监测站应该具有备份信道，所配置的 DTU 应具有通信主备信道的自动切换功能。

中心站和自动监测站的数据交换是通过 VPN 虚拟网络进行的，运营商通过通信模块中设置的 VPN 找到其设定的 VPN 内部的 IP 地址将数据转发，中心站的通信是通过网络接收和发送的，以保证中心站对众多的自动监测站的数据通信。数据传送可按照《水资源监测数据传输规约》（SZY 206—2016）进行，水位以黄海零点为基面。对通信服务商不但要提出服务的功能和价格，也应提出通信可靠性等服务指标。

第四代移动通信技术（简称 4G）能够同时传送声音（通话）及数据信息（电子邮件、即时通信等）。对于一些重要的监测对象或应急监测需求，可利用 4G 技术进行数据传输。

计量监测数据传输结构见图 5.3。

煤矿排水监测仪表的布设采用单点传输方式与测站通信，测站与测点数据通过无线网络的方式传至数据处理软件平台，平台按照数据格式解析完成后存入数据库。

设备监控采用 4G 无线视频监控，现场视频数据传输至信息中心视频服务器，管理人员按需查看现场设备运行状况。

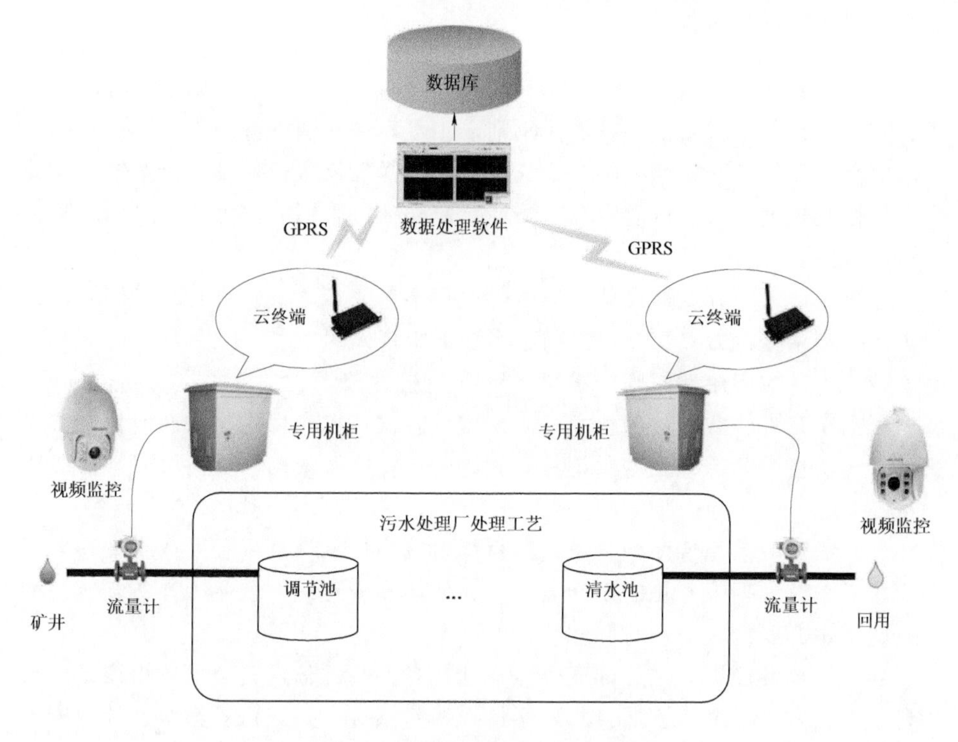

图 5.3 计量监测数据传输结构图

5.4 矿坑排水管理信息系统构建

山西省矿坑排水管理信息系统为矿坑排水监控管理提供集信息存储、展示、统计、核算和分析等为一体的信息化、智能化工作平台。系统以全面提升矿坑排水监控信息化水平为出发点，通过采用自动化、信息化、智能化的信息采集、传输、存储、处理方式，切实服务于水行政主管部门以及煤矿生产单位。系统以直观方式提供煤矿分布信息、煤矿企业信息、在线监测信息、上报水表信息、排水量、处理量、回用量情况等信息；通过与山西省水资源管理系统的接口，可显示被管理单位的取水许可信息和计划用水信息；面向社会公众及被管理单位，提供对矿井水监控、治理、应用等相关的政策、法规、标准、规范、工作动态等信息。

同时，面对水资源税改革的新模式和新要求，为适应水资源税征收试点扩大要求，在提供矿井排水量监测、取用水量核算的基础上，系统应预留接口，为下一步的水资源税计算提供扩展的余地。

5.4.1　总体设计原则

山西省矿坑排水管理信息系统建设遵循：①标准化、开放性原则；②先进、实用性原则；③简便、易用性原则；④可靠性原则进行。

（1）标准化、开放性原则。系统开发采用标准化方式，设计开发遵循有关国家和行业规范，对于目前没有国家或行业标准可采用的，可在相关标准基础上进一步扩展。

系统设计采用开放性设计，遵循模块化架构的理念，模块之间采用弱耦合的方式，利用接口方式交互，以利于系统的扩展。

（2）先进、实用性原则。系统设计采用组件技术、主流消息中间件技术、关系数据库技术、数据挖掘技术、主流软件开发技术和现代网络通信技术等先进的计算机技术，使开发的系统具有先进的技术体系架构，从而可满足各级用户的需要。

（3）简便、易用性原则。考虑到系统各级用户的计算机和专业水平参差不齐，所以系统采用人性化的设计方式，在使用和管理时力求便于操作、容易使用，避免不必要的人力和时间耗费。

（4）可靠性原则。系统的安全可靠性包括系统的信息安全、备份恢复、可用性、容错容灾等方面。通过主机系统、操作系统、网络传输系统、数据库系统等多环节的安全可靠性设计实施，保证系统 7×24h 可靠、安全地运行。

5.4.2　总体设计思路

为了保证系统的一致性和稳定性，避免不必要的数据转换同步、功能接口以及系统升级扩展时大量的维护工作量，系统采用统一的基础平台，包括操作系统平台、数据库平台、应用平台，统一部署、分用户分权限使用。

系统采用面向对象的软件工程方法进行设计开发，采用面向服务的软件架构（service - oriented architecture，SOA）。系统设计与开发过程中尽量将应用程序功能封装和发布为 Web 服务，通过服务注册和服务目录向服务消费者（各种组件或部门的应用系统）提供 Web 服务，使系统的功能可以采用弱耦合的方式实现集成，并使平台提供的功能服务具有可扩展性。

5.4.3　系统总体框架

系统总体采用 B/S 网络架构（图 5.4），按照“分层设计、模块构建”的思想进行设计，整体上包括交互系统、应用系统、应用支撑平台、数据库管理平台、数据库等五个层次，层与层之间弱耦合，进行组件式开发。

根据矿坑排水监测计量系统的应用需求，系统需要支撑的业务包括矿山单

位列表、取水许可情况、监测数据展示、监测数据汇总、水量核算等信息的检索查询、统计分析和知识扩展。

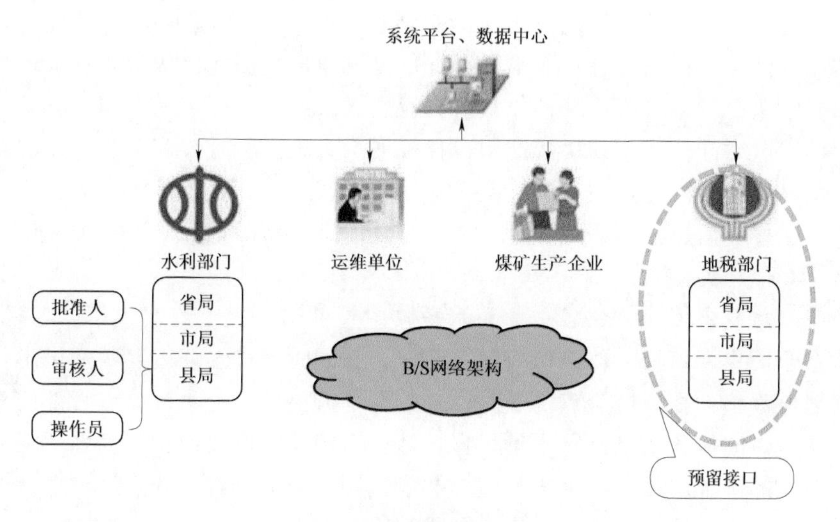

图 5.4　系统部署应用框架

5.4.4　系统功能模块

系统包括首页、煤矿企业、监测计量、水量核算、通知公告、公共模块等六个模块，见图 5.5。

(1) 首页。首页通过 GIS 地图显示全省各煤矿生产单位分布情况，用户通过点击某个煤矿企业可获知其相关的所有信息，例如企业基本信息、取水许可证信息、监测点信息、监测计量数据、水量核算情况等。

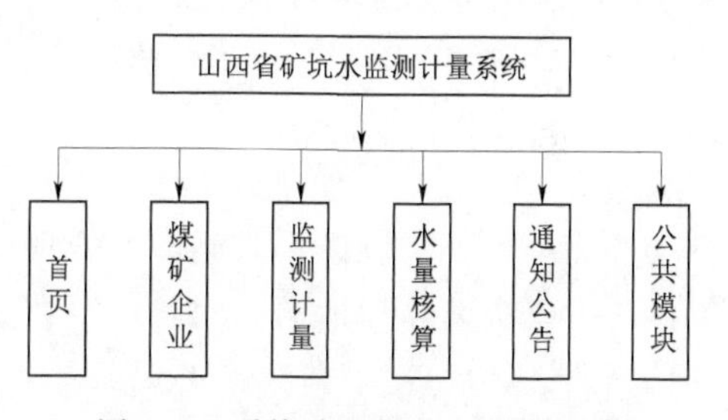

图 5.5　系统功能模块组成结构图

根据用户所在水行政主管部门的不同级别，通过系统的权限设置，用户可在首页查看全省（地市、县）本年度各月份矿井水涌出量、处理量、处理后水质类别、矿区回用量、直接排放量、灌溉利用量等相关信息。系统隐藏显示下一级单位的相关信息，如有需要，可展开表格直到显示各企业的具体信息。

煤矿企业用户只能查看本企业的相关信息。

(2) 煤矿企业。该模块按照用户权限展示系统内所有煤矿企业基本信息（企业名称、设计规模、占地面积、生产能力、保有资源储量等）。点击具

体煤矿企业名称时，可显示其取水许可证、监测点信息以及企业图片等信息。按照用户权限，用户可查看系统内煤矿企业的取水许可证相关信息（取水许可证、登记表、历年排水情况、历年缴费情况等）；点击具体取水许可证时，显示其取水许可证详细信息；取水许可证信息可通过数据接口从山西省水资源管理系统中取得，也可由系统操作人员自行录入系统。

（3）监测计量。该模块按照用户权限展示系统内所有煤矿企业的监测点相关信息（单位名称、量表、装置类型、表读数等）。监测点信息包括在线监测点和人工抄表信息。点击具体水表时，显示其水量详细信息，并可在GIS定位显示其他相关信息。

（4）水量核算。分煤矿企业和水行政主管部门两类用户实现不同的操作。煤矿企业用户可填报上传机械表抄表信息，并同时上传水表读数照片供水行政主管部门审核，在线监测点的实时监测数据不需要填报；水行政主管部门对煤矿企业上传的抄表信息进行水量核算，结合上传的表读数照片等辅助资料对各煤矿企业的矿坑水排放水量进行核算和审核。系统提供本年分月水量统计图和历年同月排水量统计图辅助工作人员进行审核。

（5）通知公告。提供水资源费（税）改革相关的文件资料、问题解答，以及相关标准、规范，通知公告等内容。

（6）公共模块。公共模块包括各功能模块中公用功能的实现。个人中心也是公共模块的功能之一，用户可在本模块对本单位（企业）的基础信息进行维护修改，可修改用户登录密码。本模块同时提供消息编写功能，用户可在线编写文档并发送给相关单位，实现水行政主管部门与煤矿企业之间消息文件的互动。

5.4.5　系统数据库设计

系统设计了矿坑排水监测计量管理专用数据库。系统数据库设计以软件系统各功能模块设计为依据，同时按照数据库平台最终的数据完整性、准确性及可扩展性进行设计。每部分的数据库表以若干与其相关功能模块设计紧密相连的基础信息表为最基本数据库表，同时依据不同模块的功能设计，对外拓展基本功能表。这样既可满足当前系统建设的需要，也可方便地为后期系统扩展开发需要拓展数据库设计。

数据库在数据存储上，不但涉及信息管理的结构化数据，还包括了文本、图片等非结构化数据。结构化数据又称关系型数据或行数据，指可以存储在数据库里，可以用二维表结构来逻辑表达实现的数据；非结构化数据是指不方便用关系数据库来直接表现的数据，包括所有格式的办公文档、文本、图片、XML、HTML、各类报表、图像和音频/视频信息等。

在数据库设计时，与国家水资源管理系统数据库保持统一，方便两系统的

数据交换。

该系统采用的数据库管理系统是 ORACLE 11g。目前已经创建了数据库实例，项目建设过程中收集汇总的数据已整理入库。

5.4.6 系统实现

根据系统设计的总体架构、模块组成和功能设计，对山西省矿坑水监控管理信息系统进行了需求分析、概要设计和详细设计，完成了系统开发和测试，编制了操作手册。在开发过程中多次听取了专家和水资源管理部门的建议和意见，目前系统已开发完毕，具备了服务功能。典型煤矿矿坑水监测计量工程建设的在线监测点信息也已入库，可在线查看。系统界面见图 5.6。

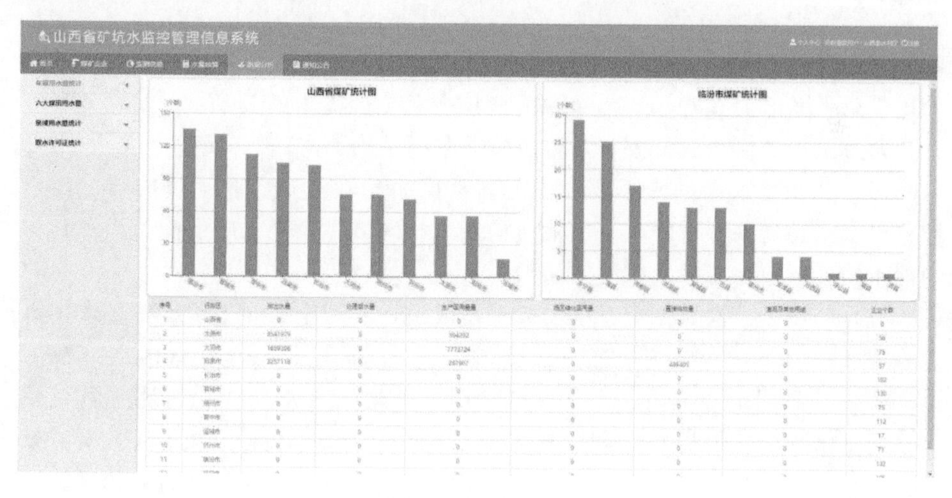

图 5.6　系统界面

5.5 小结

本章基于山西省不同区域、不同类型矿坑水排放和监测现状，提出了矿坑水的水量水质监测体系建设方案。以自动化、信息化为方向，研究在不同类型煤矿排水的监测和计量方式，提出了矿坑排水监测计量系统的建设方式与方案，为水资源税费核算提供技术支撑。

第6章　总 结 与 展 望

6.1　研究总结

通过开展3次大规模煤矿实地调研和资料收集，在综合考虑煤矿分布特征、矿井规模、煤矿的取用水情况等因素的基础上，对六大煤田18个矿区以及平陆、垣曲煤产地的45个县（市、区）、180个典型煤矿（特大型煤矿4座，大型煤矿80座，中型煤矿96座）开展了实地调研和资料收集整理，调研的煤矿总生产能力3.0亿t，占1053座煤矿总生产能力的23%。

通过深入调研与研究分析，得出以下主要结论：

（1）矿井涌水量的大小，主要由含水层的岩性结构、含水层层数、稳定性、厚度、补给来源、降水量、地质构造，与区域主要含水层水位关系及其与地面水的联系等综合因素来决定。

（2）基于142座典型煤矿的实际调研成果，测算全省井工矿煤矿采煤排水总量为4.99亿m^3/a，按全省井工矿实际产量折算井工矿吨煤排水系数为0.55m^3/t。利用水文地质、水文气象、用水及地下水水位变化监测等资料建立了地下水水量数值模型，利用典型矿区和典型煤矿对排水量进行了模型校验，两种方法测算结果基本一致。山西省的煤炭产量从2000年的约2.5亿t/a增加到2019年的约10亿t/a，采煤吨煤排水量呈现出逐渐减小并趋于稳定的趋势。

（3）采煤在井田开拓、正常生产和采后三个阶段都会对水资源造成影响。井田开拓阶段矿井涌水量大部分来自对地下水静储量的破坏；采煤的中、后期，矿井地下水水位降落漏斗趋于稳定，矿井涌水量比较稳定，主要来自地下水动储量；停采后采空区积水经一定化学反应后形成“老窑水”，丧失了资源功能，造成长期影响。采煤对水资源的破坏包括井田开拓、正常生产和采后全生命周期内对水资源的影响。井工矿全生命周期内平均每采1t煤影响水资源1.65m^3，其中矿井井田开拓阶段破坏地下水静储量吨煤0.35m^3；正常生产阶段破坏地下水动储量吨煤0.55m^3，影响地表径流量吨煤0.03m^3；停采后采空区积水长期影响量吨煤0.72m^3。按照影响水资源体积，矿井井田开拓阶段对地下水静储量破坏量以及采后长期影响量对水资源破坏影响最为严重。

（4）根据典型露天煤矿测算，露天煤矿建设和生产阶段对水资源的破坏保

守计算为 0.93m^3/t，其中破坏的包气带水和地下水静储量为 0.71m^3/t，对地表径流的影响量为 0.2m^3/t，煤矿生产期间对地下水的破坏量为 0.02m^3/t。

(5) 矿井排水及处理流程类似，具有一定的计量基础与条件；处理后回用与外排流程有较大差异，部分煤矿将矿井水处理站处理水与生活污水处理水统一配置回用，剩余部分再外排，回用量与外排量可以计量但难以区分与审核，回用从低征税操作难度大、成本高。

(6) 山西省征收采矿排水水资源税事理明确、机理清晰、法理充足。采矿改变下垫面、径流降雨关系，造成上覆岩体发生变形、位移，具有明显的水文、地质环境效应，严重改变与阻断水循环，诱发地下水枯竭、水井干枯、泉水衰减、河道断流、地面塌陷、水土流失、水污染等一系列水资源问题。征收采矿排水水资源税是贯彻落实《水法》《取水许可和水资源费征收管理条例》的要求，也是扩大水资源税改革的重要内容。

(7) 制定水资源税征收标准要充分考虑水资源影子价格、损失代价与节水成本等。动态 CGE 模型测算结果表明，山西省水资源影子价格逐年增加，2017 年为 14.98～17.57 元/m^3，2020 年为 20.14～24.05 元/m^3。经济损失评估结果表明，每开采 1 吨煤，造成水资源短缺损失 18.61 元。节水投资分析结果表明，农业灌溉每节约 1m^3 水资源需要花费 4.31 元。长期来看，采矿排水水资源税征收标准应当不低于 4.31 元/m^3。

(8) 着力建立基准税额与调整系数相结合的采矿排水水资源税税额标准体系。基准税额根据采矿对水资源破坏与影响程度、经济发展水平、企业承受能力等综合确定。调整系数包括采煤影响与破坏水资源系数、地下水超采区征收倍数，体现不同地区开采方式、水资源条件等差异。应纳税额=(基准税额×实际排水量+基准税额×采煤影响与破坏水资源系数×同期煤炭产量)×地下水超采区征收倍数。地下水超采区征收倍数为 1～3；露天矿破坏水资源系数为 0.93m^3/t，井工矿各煤矿影响折算系数根据该矿吨煤排水系数与所属煤田前期影响系数、长期影响系数分别核算。

(9) 设定了高、中、低三个方案，基准税额分别为 2.11 元/m^3、1.73 元/m^3、1.2 元/m^3，预计征收规模（不含超采区加征）分别为 32.71 亿元、26.82 亿元、18.60 亿元，相当于 2011—2017 年平均征收规模的 132%、108%、75%。建议近期优先实施高方案，基准税额 2.11 元/m^3。基准税额 2.11 元/m^3 方案征收规模高于近年平均征收规模，近期调整水资源税税额标准可优先考虑此方案。

(10) 提出了山西省矿坑排水监测计量模式和建设方案。在充分利用现有矿井排水监测设施和已建信息骨干网的基础上，对矿井排水的水量、水质进行全面监测，对排水各关键节点新建或改造自动监测，整合现有监测设施形成统

一的信息采集传输体系，开发山西省矿坑排水监测计量软件系统。水量监测点应优先安装于进入清水池之前的管道段上。水量监测以自动实时监测、传输为主，不具备条件的，可定期人工抄表。信息传输优先选择公共移动通信方式，对于一些重要的监测对象或应急监测需求，可利用4G技术进行数据传输。

6.2 主要创新成果

（1）基于典型煤矿的勘察及数据分析，定量解析了煤矿水资源内外双循环的全过程。作者先后4次对全省142座典型煤矿进行了现场勘察，对采空区、矿下集水系统、井下用水、井上排水及处理、井下回用及其他工艺用水、河湖排水及再利用等水循环进行了定量的解析，进行了“自然降水—入渗产流—井下集水—处理排放”的外循环及“集水—抽水—处理—回用—集水”的内循环分析，创新性提出了内外双循环的水均衡耦合分析测算方法，对煤矿水资源管控和煤矿水平衡测试具有重要意义。

（2）提出了基于全生命周期的水资源影响评价技术。采煤对水资源的影响不仅仅局限于采煤生产过程中收集及计量到的水量，而且覆盖了建设、运行、停产闭矿全过程。按照每吨煤生命周期，从挖掘时“三带”的静储量一次性释放，到挖掘后形成的采空集水区汇水，再到闭矿口采空体的水分回补，采用合理的科学测算方法，基于代表性煤矿的实地勘察，参照前人的权威研究成果，并结合现状采掘状况和地下水循环特点，形成了基于全生命周期的采煤水资源影响评估技术方法。该项创新性技术研究得出的采煤水资源影响量更符合水-煤相互作用的科学机理，使得测算的影响量更趋合理，同时，为采煤税费征收奠定了科学依据。

（3）提出了影子价格理论和国内实际情况相结合的采矿排水水资源税费征收标准测算方法。采用国际通用的CGE模型，对山西省水资源的影子价格进行了测算，定量评价了山西省水资源的实际使用价值，为采煤水资源影响的税率确定提供了科学的基础。同时，考虑到实际征收的现实可行性及税负水平，参照了国内相关省（自治区、直辖市）的采煤排水税率，科学合理确定了山西省采煤水资源影响的基准税率及调整系数，并按照高、中、低征收方案进行了分析和推荐。

（4）开展了分区分类采煤排水计量技术的研发。采煤排水的计量是水资源监控中的难点，本书在全国水资源监控系统建设的技术体系基础上，紧密结合山西省采煤行业的水资源循环特点，按照分区分类的原则，利用不同的计量技术，开展了采煤排水试点监测工程建设。同时，采用先进的数据接收、存储、处理、分析等技术，建立了友好的人机系统界面，为采煤水资源税费征收工作

提供了高质量的信息产品和决策支撑。

6.3 展望与建议

(1) 采取综合措施，全面治理采煤的水资源破坏问题。应从绿色发展的高度和煤矿全生命周期视角，高度重视采煤对山西省水资源及生态环境的深远影响，积极采取措施修复受损的水资源及水生态系统。山西省作为全国唯一的国家资源型经济转型综合配套改革试验区，坚定走绿色采矿、绿色发展之路，像对待生命一样对待生态环境，优先保护生态环境。煤炭开采对水资源和生态环境的破坏是长期的。经过几十年大规模开发，采煤对水资源的影响与破坏叠加，新老问题交织；尤其是近年来煤炭资源整合重组后，煤炭资源利用效率效益大幅提高，但对水资源的影响更大、更快、更集中，建议进一步创新思路，下大力气进行综合防治，全面提升全省水资源及水生态安全。

(2) 重视采煤的长期综合影响，积极争取国家政策扶持。采煤排水不仅对水资源有影响，也存在环境及生态破坏成本和长期危害，例如闭矿后老窑水对岩溶地下水污染问题。本书仅从水资源数量的角度评估了采煤对水资源的破坏和影响，并据此提出了补偿政策，未考虑环境及生态成本。建议今后从长远发展角度，继续研究山西省采煤对水资源、水环境、水生态及社会发展的长期影响及可能的风险，并采取措施降低这些不利影响，促进山西省经济社会高质量发展和生态文明建设。建议结合国家资源型经济转型综合配套改革试验区建设，积极争取国家政策扶持，如设立专项基金或全国资源型省（自治区、直辖市）的生态修复试点，开展“后煤炭时代”水资源、水环境和水生态专项治理，促进山西省生态文明建设。

(3) 逐步调整采矿排水水资源税征收标准。在山西省水资源税改革试点工作基础上，需要全面总结评估，总结好的做法和经验，尽快调整采矿排水水资源税征收标准，出台采矿排水水资源税征收办法，为全国完善采矿排水水资源税政策提供示范借鉴。

(4) 继续强化法制及体制建设，保护水资源。为有效消除采矿对水资源的影响与破坏，促进煤水协调发展，建设绿水青山，建议及时总结固化泉域水资源保护、流域综合治理、水安全保障体系建设等领域的做法，制定采矿水资源管理专门法规，明确采煤的水资源管控红线，依法关停对水资源影响较大的采煤企业，为山西省水资源大保护提供制度保障。建议参考河长制和湖长制，对重要泉域保护实行行政首长负责制，创新山西省泉长制度，提高岩溶地下水保护力度。

(5) 进一步加强采煤对水资源影响与治理保护的科技支撑研究。建议深化

采煤驱动下水文循环演变机理与地质-环境-生态协同效应、不同采煤模式下煤层水系统变异与矿井水量水质耦合模拟技术、煤-水协调开发与水资源高效利用关键技术、煤矿排水分级高效低耗处理与区域配置技术等的研究。考虑到采煤的长期影响，尤其是闭矿后的持续性影响，建议加强监测并研究采煤闭矿后的水资源及水环境问题。

参 考 文 献

Banks David, Frolik Adam, Gzyl Grzegorz, et al, 2010. Modeling and monitoring of mine water rebound in an abandoned coal mine complex: Siersza Mine, Upper Silesian Coal Basin, Poland [J]. Hydrogeology Journal, 18 (2): 519-534.

Banks D, 2001. A variable-volume, head-dependent mine water filling model [J]. Ground Water, 39: 362-365.

Nicolas Fernandez, Luis A Camacho, 2019. Coupling hydrological and water quality models for assessing coal mining impacts on surface water resources [C]//E-proceedings of the 38th IAHR World Congress, September 1-6, Panama City, Panama, doi: 10.3850/38WC092019-1700.

Rogoż M, Frolik A, Staszewski B, et al, 1999. Hydrogeological consequences of the abandonment of the "Siersza" mine at Trzebinia. Report of the Główny Instytut Górnictwa, no. MGM/359/99 [R]. Katowice, Poland.

Wenyi Sun, XiaoyanSong, Yongqiang Zhang, et al, 2020. Coal Mining Impacts on Baseflow Detected Using Paired Catchments [J]. Water Resources Research, 56 (2), DOI: 10.1029/2019WR025770.

Wolkersdorfer Christian, Goebel Jana, Hasche-Berger Andrea, 2016. Assessing subsurface flow hydraulicsofa coal mine water bioremediation system using a multi-tracer approach [J]. International Journal of Coal Geology, 164: 58-68.

Younger P L, Adams R, 1999. Predicting mine water rebound. Research and Development Technical Report, no. W179 [R]. United Kingdom Environment Agency.

白中科，郭青霞，史源英，等，1999. 安家岭露天煤矿土地利用结构预测 [J]. 煤炭学报 (2): 97-101.

陈怡西，周中海，2016. 隧道涌水量基于 MODFLOW 中 DRAIN 模块水力传导系数取值探析 [J]. 人民珠江，37 (4): 80-83.

程保洲，1992. 山西省晚古生代含煤地层沉积环境与聚煤规律 [M]. 太原：山西科学技术出版社.

董佩，王旭升，2009. MODFLOW 模拟自由面渗流的应用与讨论 [J]. 工程勘察，37 (7): 27-30

顾盼，2015. 山西古交煤矿开采对河川径流影响机理及量化模型研究 [D]. 郑州：郑州大学.

侯翔龙，2014. 山西某煤矿三维地质建模及矿坑涌水量预测 [D]. 太原：太原理工大学.

蒋劲，李洁，郭栋，等，2017. 山西省煤矿塌陷区遥感监测 [J]. 华北国土资源 (4): 14-16.

李俊杰，解奕炜，郭盛彬，2016. 疏水降压对奥陶系碳酸盐岩含水层的影响 [J]. 煤矿安全，47 (10): 184-186.

李曦滨，江卫，2010. 山西省离柳矿区沙曲井田数值模拟及矿井涌水量预测评价 [J]. 中国煤炭地质，22 (10)：32-37.

刘海涛，2005. 太原西山矿区煤炭开采对地下水流场影响的数值模拟 [D]. 太原：太原理工大学.

陆伦，张银洲，2010. 平朔东露天工业场地地下水位变化特征及对策 [J]. 露天采矿技术 (5)：50-52.

陆远昭 赵志怀，2012. 山西煤水资源合理开发与保护研究 [M]. 北京：煤炭工业出版社.

骆祖江，王琰，陆顺，等，2010. 基于矿井生产过程的涌水量预测三维数值模拟模型 [J]. 煤炭学报，35 (S1)：145-149.

牛仁亮，2003. 山西省煤炭开采对水资源的破坏影响及评价 [M]. 北京：中国科学技术出版社.

山西省煤炭地质局，2018. 山西省煤田资源潜力评价 [M]. 北京：应急管理出版社.

山西省水资源征费稽查队，太原理工大学，2013.《大矿时代采煤对水资源影响破坏研究》[R].

谭春剑，2016. 山西临汾大吉 6 井区煤层上下致密砂岩储层特征研究 [D]. 成都：西南石油大学.

王平，王金满，秦倩，等，2016. 黄土区采煤塌陷对土壤水力特性的影响 [J]. 水土保持学报，30 (3)：297-304.

熊崇山，王家臣，2005. 矿井采空区积水量的研究 [J]. 矿业安全与环保 (2)：10-11，81.

薛凤海，2004. 山西省水资源问题研究 [J]. 水资源保护 (1)：53-56.

余方胜，2012. 山西双柳煤矿矿坑涌水量预测 [D]. 石家庄：石家庄经济学院.

诸铮，2007. 采煤对地表水和地下水的影响 [J]. 科技情报开发与经济，17 (9)：282-283.

太原市水务局，太原理工大学水资源与环境地质研究所，2013. 晋祠泉域煤矿基本情况调查报告 [R].

周广照，徐程宇，王珊，等，2016. 基于孔隙度扰动模型致密砂岩弹性性质变化特征数值分析 [J]. 矿物岩石，36 (2)：112-120.